RPB Nr. 171

RPB Nr. 171

Dietmar Benda

Elektronische Schaltungstechnik einfach dargestellt

Vom Bauelement zum Computer

Mit 185 Abbildungen und 20 Tabellen
5., neu bearbeitete und erweiterte Auflage

FRANZIS

CIP-Titelaufnahme der Deutschen Bibliothek

Benda, Dietmar:
Elektronische Schaltungstechnik einfach dargestellt : vom
Bauelement zum Computer / Dietmar Benda. - 5., neu bearb.
und erw. Auflage. - München : Franzis, 1990
    (RPB ; Nr. 171)
    ISBN 3-7723-1715-4
NE: GT

© 1991 Franzis-Verlag GmbH, München

Satz: Franzis-Druck GmbH, München
Druck: Hablitzel & Sohn GmbH, 8060 Dachau
Printed in Germany. Imprimé en Allemagne.

ISBN 3-7723-1715-4

Vorwort

Der Techniker von heute muß sich schnell und rationell die erforderlichen Fachkenntnisse für seine Berufsaufgaben aneignen und sein Wissen über die aktuelle Technik auf den neusten Stand halten. Die Hardware- und Software-Elektronik wird in ihrer Leistungsfähigkeit permanent weiterentwickelt und dadurch verändert. Jeder, der heute seine Ausbildung abgeschlossen hat, kann schon morgen mit einer Schaltung oder einer Technik konfrontiert werden, die neu und in ihrer Funktion unbekannt ist.

Diese Tatsachen zwingen den Techniker dazu, in der Schaltungstechnik das Wesentliche vom Unwesentlichen unterscheiden zu lernen. Dies ist durchaus möglich, wenn man berücksichtigt, daß sich jede Hardwarefunktion auf einen Ersatzwiderstand und damit auf das Ohmsche Gesetz zurückführen läßt; und jedes Softwareprogramm – unabhängig von der Leistungsfähigkeit und Programmiersprache – letztendlich in der allen Computern gemeinsamen Maschinensprache arbeiten muß. Daher benötigt z. B. ein Anwendungstechniker grundlegende und sichere Kenntnisse in der Schaltungstechnik kombiniert mit einem systematisierte „Funktionsbox-Denken". Der Techniker muß die Fähigkeit besitzen, eine Schaltung in ihrer Funktion schnell zu analysieren und in Verbindung mit gegebenen Softwaresteuerungen den Funktionsablauf zu erkennen. Besitzt er diese Grundlagen nicht oder nur oberflächlich, so helfen ihm auch keine weitläufigen Kenntnisse, z. B. in der Halbleiterphysik oder Systemtechnik bei der Bewältigung seiner Aufgaben und Probleme.

Aufgrund dieser Überlegungen werden in diesem Buch, beginnend mit der ersten Grundschaltung, die Funktionen und die verschiedenen Eingangs- und Ausgangsbedingungen der Schaltungen in der praxisbezogenen Funktionsbox-Darstellung erklärt.

Somit ist ein nahtloser Übergang von den Einzelbauelementen über die Grundschaltungen zu den ICs und den Computerbausteinen gewährleistet. Soweit dies für das Verständnis und für vertiefende Betrachtungen erforderlich ist, werden einzelne Schaltungsfunktionen durch Funktionskennlinien oder erforderliche Softwareinformationen ergänzt. Diese Darstellungsform wird es dem Praktiker ermöglichen, mit gründlicher Sicherheit die Funktion der elektronischen Schaltungen zu erkennen, abzuschätzen und auszuwerten.

Die Gliederung der einzelnen Abschnitte in die Schritte: Erklärung, „Zum Selbsttesten" und „Für den Praktiker", sollen dem Lernenden helfen, den Lehrstoff leichter zu erarbeiten und bei mangelnder praktischer Erfahrung die theoretischen Kenntnisse durch praktische Versuche zu festigen und die Selbstkontrolle zu ermöglichen.

Wichtiger Hinweis

Inhalt

Definitionen

Zur allgemeinen Verständigung sei hier auf einige in diesem Buch zur Anwendung kommenden Definitionen hingewiesen.

Stromrichtung: Die Strompfeile zeigen die technische Stromrichtung an (*Abb. 1*), also vom Pluspol zum Minuspol.

Polaritätsangabe: Die Spannungspfeile (Abb. 1) zeigen vom Pluspol zum Minuspol einer Gleichspannungsquelle.

Großbuchstaben „I" und „U": Für die Definition von Gleichströmen und Gleichspannungen.

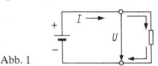

Abb. 1

Kleinbuchstaben „i" und „u": Für die Definition von Wechselströmen und Wechselspannungen.

Gesperrt: Für Halbleiterbauelemente, die für die Anwendungsbetrachtung keinen – oder nur Sperrstrom führen.

Leitend: Für Halbleiterbauelemente, die für die Anwendungsbetrachtung Strom führen.

H-Zustand: Definition für digitale Ein- und Ausgänge im aktiven Zustand (binäre 1), z. B. 5 V, 15 V oder 24 V.

L-Zustand: Definition für digitale Ein- und Ausgänge im passiven Zustand (binäre 0), 0 V für die Anwendungsbetrachtung.

HI-Zustand: Dritte (Tri-state-)Funktion digitaler Ausgänge. Anwendungsbetrachtung für abgeschaltete Ausgänge.

9

Passive Bauelemente:	Zweipole, wie z. B. Widerstände, Dioden.
Aktive Bauelemente:	Dreipole, wie z. B. Thyristor, Transistor.
Bezugspotential:	Sämtliche in den Schaltungen angegebenen Spannungswerte beziehen sich auf das für Eingang und Ausgang in *Abb. 2* dargestellte gemeinsame Bezugspotential, wenn es nicht besonders erklärt oder darauf hingewiesen wird.
Transistordarstellung:	Einzelfunktion (*Abb. 3a*), Funktion innerhalb einer integrierten Schaltung (Abb. 3b).
Meßgerätesymbole:	Meßinstrument (*Abb. 4a*), Oszilloskop (Abb. 4b).
Rechteckiges Kästchen:	Funktionsbox für Bauelemente und Schaltungen (*Abb. 5*).
Kästchen mit Rundecken:	Hilfs- und Ersatzfunktionsdarstellungen zur Verständlichung (*Abb. 6*).

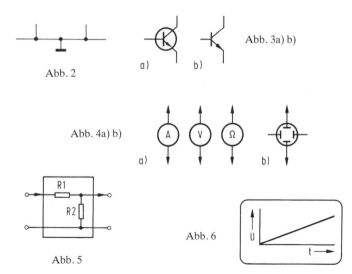

Abb. 2

Abb. 3a) b)

a) b)

Abb. 4a) b)

a) b)

R1

R2

Abb. 5

Abb. 6

U

t →

1 Funktionen der Grundbauelemente

Voraussetzung für die Schaltungsbetrachtungen sind sichere Grundkenntnisse über das Funktionsverhalten der elementaren Bauelemente. Diese Grundkenntnisse sind so bedeutungsvoll, daß wir die Bauelemente Widerstand, Diode und Transistor (*Abb. 1.1*) einer eingehenden Betrachtung unter anwendungstechnischen Gesichtspunkten unterziehen. Sie werden schnell erkennen, daß alle weiteren Bauelemente- und Schaltungsbetrachtungen immer wieder auf den daraus gewonnenen Erkenntnissen aufbauen.

Abb. 1.1 Widerstand, Diode, Transistor

1.1 Ohmsche Widerstände im Gleich- und Wechselstromkreis

Der Widerstand als Funktion in einem Gleichstromkreis ist die einfachste Grundschaltung.

Als Grundschaltungsfunktion oder eine Schaltungsfunktion allgemein, betrachten wir eine Funktionsbox (gerahmtes Kästchen in *Abb. 1.2*), die im einfachsten Fall einen Eingang und einen Ausgang mit gemeinsamer Rückleitung (Bezugspotential besitzt). Diese Funktionsbox erzeugt entsprechend ihrer inneren Beschaltung und in Abhängigkeit des Eingangssignales ein bestimmtes Ausgangssignal.

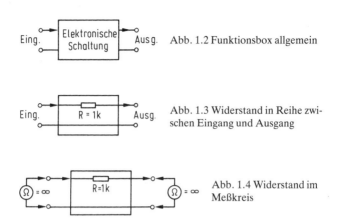

Eing. | Elektronische Schaltung | Ausg. Abb. 1.2 Funktionsbox allgemein

Eing. | R = 1k | Ausg. Abb. 1.3 Widerstand in Reihe zwischen Eingang und Ausgang

$\Omega = \infty$ | R =1k | $\Omega = \infty$ Abb. 1.4 Widerstand im Meßkreis

Als erstes Betrachtungsbeispiel für eine Funktionsbox sehen wir uns den 1-kΩ-Widerstand in *Abb. 1.3* an, der in Reihe zwischen Eingang und Ausgang liegt.

Bevor wir eine Spannung an den Eingang dieser Funktionsbox legen, sollen Widerstandsmessungen an den Eingang und den Ausgang durchgeführt werden (*Abb. 1.4*):

– Widerstandsmessung am Eingang: unendlich (∞)
– Widerstandsmessung am Ausgang: unendlich (∞)

Begründung: Bei beiden Widerstandsmessungen ist der Meßkreis geöffnet, daher kann der Widerstandswert nicht gemessen werden. Auch wenn das Meßinstrument umgepolt wird, ändert dies am Meßergebnis nichts!

In einem weiteren Beispiel (*Abb. 1.5*) wird der 1-kΩ-Widerstand parallel zu Eingang und Ausgang in der Funktionsbox geschaltet. Die Widerstandsmessungen an Eingang und Ausgang zeigen folgende Ergebnisse.

Abb. 1.5 Widerstand parallel zwischen Eingang und Ausgang

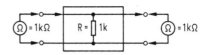

– Widerstandsmessung am Eingang: 1 kΩ
– Widerstandsmessung am Ausgang: 1 kΩ

Begründung: Bei beiden Widerstandsmessungen ist der Meßkreis über den Widerstand geschlossen, daher wird der Widerstandswert gemessen.
Auch wenn das Meßinstrument umgepolt wird, ändert sich am Meßergebnis nichts!

Erkenntnis: Nur in einem geschlossenen Meßkreis (Meßgerät und Meßobjekt) können Widerstände gemessen werden.

In einem Versuchsbeispiel in *Abb. 1.6* wurde an beide Schaltungsvarianten ein Ausgangswiderstand von RL = 1 kΩ angeschlossen. Folgende Meßergebnisse ergaben sich für die Schaltungsvariante Abb. 1.6*a*:

– Widerstandsmessung am Eingang: 2 kΩ
– Widerstandsmessung am Ausgang: 1 kΩ

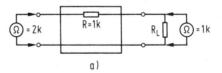

Abb. 1.6 Widerstand:
a) mit Lastwiderstand in Reihe
b) mit Lastwiderstand parallel

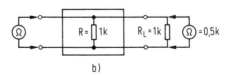

Begründung: Bei der Widerstandsmessung am Eingang werden
               beide Widerstände in Reihe gemessen (R1 + R2
               = Rges). Die Widerstandsmessung am Ausgang
               erfolgt nur an RL, der Widerstand R in der
               Funktionsbox ist am Eingang offen und wird
               somit nicht erfaßt.

Für die Widerstandsmessung an der Schaltungsanordnung in
Abb. 1.6b ergeben sich folgende Meßergebnisse:

– Widerstandsmessung am Eingang: 0,5 kΩ
– Widerstandsmessung am Ausgang: 0,5 kΩ

Begründung: Bei beiden Messungen liegen die Widerstände
               parallel im Meßstromkreis.

Als letztes Beispiel für die Widerstandsbetrachtung in einer Funktionsbox setzen wir zwei Widerstände ein (*Abb. 1.7*). Die Widerstandsmessungen an Eingang und Ausgang zeigen folgende Ergebnisse:

– Widerstandsmessung am Eingang: 2 kΩ
– Widerstandsmessung am Ausgang: 1 kΩ

Begründung: Diese Widerstandsanordnung entspricht der
               Schaltungsanordnung in *Abb. 1.6a*.
Erkenntnis: An der Funktionsbetrachtung einer Schaltung
               müssen die Einwirkungen der äußeren Beschal-
               tung (Belastung durch Eingangs- und Ausgangs-
               funktionen mit berücksichtigt werden.

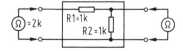

Abb. 1.7 Reihenschaltung
von Widerständen

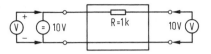

Abb. 1.8 Widerstand an Spannungsquelle (offener Stromkreis)

In den folgenden Beispielen werden die zuvor betrachteten Widerstandsschaltungen am Eingang an eine Gleichspannung angeschlossen. An der Schaltung in *Abb. 1.8*, die der Schaltung in Abb. 1.4 entspricht, werden folgende Spannungen gemessen:

– Spannungsmessung am Eingang: 10 V
– Spannungsmessung am Ausgang: 10 V

Begründung: Durch den Widerstand in der Funktionsbox fließt nur ein sehr geringer Meßstrom (unbelasteter Stromkreis!), dadurch sind Eingangs- und Ausgangsspannung gleich groß.

Erkenntnis: In einem unbelasteten Stromkreis fließen keine Ströme und es entstehen keine Spannungsverluste an den Widerständen!

An der Schaltung in *Abb. 1.9*, die der Schaltung in Abb. 1.5 entspricht, werden folgende Spannungen und Ströme gemessen:

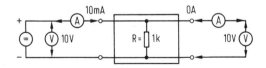

Abb. 1.9 Widerstand an Spannungsquelle (geschlossener Stromkreis)

- Spannungsmessung am Eingang: 10 V
- Strommessung am Eingang: 10 mA
- Spannungsmessung am Ausgang: 10 V
- Strommessung am Ausgang: 0 A (geringer Meßstrom)

Begründung: Der Laststromkreis wird durch den Eingangsstromkreis von der Spannungsquelle und den Widerstand R in der Funktionsbox gebildet. Am Ausgang besteht nur ein Meßstromkreis, in dem kein Strom fließt.

Erkenntnis: In einem belasteten Stromkreis fließt ein Strom. Die verursachende Spannung wird am parallel zur Spannungsquelle geschalteten Lastwiderstand gemessen.

Eine weitere Versuchsanordnung in *Abb. 1.10a* zeigt, daß eine Spannungsänderung an einem ohmschen Widerstand eine lineare Kennlinie ergibt (Abb. 1.10*b*), auch bei umgekehrter Polarität.

Begründung: An einen ohmschen Widerstand verhält sich der Strom proportional zur Spannung, unabhängig von der Polarität der Spannung.

Erkenntnis: Die Polarität der Spannung an einem ohmschen Widerstand hat keinen Einfluß auf den resultierenden Strom, nur die Polarität des Stromes ändert sich.

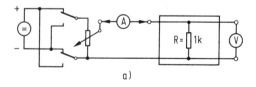

a)

Abb. 1.10 Spannungsänderung am Widerstand   a) Schaltung

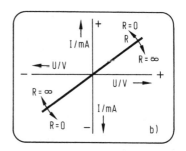

Abb. 1.10b Kennlinie

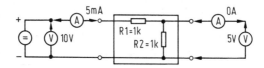

Abb. 1.11 Spannungsteiler

An der Schaltung in *Abb. 1.11*, die der Schaltung in Abb. 1.7
entspricht, werden folgende Spannungen und Ströme gemessen:

– Spannungsmessung am Eingang: 10 V
– Strommessung am Eingang: 5 mA
– Spannungsmessung am Ausgang: 5 V
– Strommessung am Ausgang: 0 A (geringer Meßstrom)

Begründung: Der Strom im Eingangsstromkreis resultiert aus
der Reihenschaltung von R1 und R2 (1 kΩ +
1 kΩ = 2 kΩ).
Die Ausgangsspannung resultiert aus der Spannungsaufteilung an R1 und R2 (U1 + U2 = Uges
= UEing.). Aber die Ausgangsspannung wird
nur an R2 gemessen.

Erkenntnis: An einer Reihenschaltung verhält sich die Spannung proportional zu den Widerständen. Daher wird diese Schaltungsanordnung als Spannungsteiler eingesetzt.

Die Funktion des Spannungsteilers ist in der elektronischen Schaltungstechnik von elementarer Bedeutung, vor allem in den Kombinationen von Widerstand-Diode, Diode-Diode, Widerstand-Transistor (Eingangskreis, Ausgangskreis) und Transistor-Transistor (Eingangs- und Ausgangskreise), wie wir später sehen werden. Die Funktion des belasteten Spannungsteilers ist ebenfalls eine wesentliche Schaltungsanordnung in Form von Eingangs- und Ausgangsbelastungen.

Daher betrachten wir als abschließende Widerstandsanordnung in der Funktionsbox die *Abb. 1.12*, die eine Kombination der Schaltungen in Abb. 1.6a und Abb. 1.6b darstellt und an der folgende Spannungen und Ströme gemessen werden:

– Spannungsmessung am Eingang: 10 V
– Strommessung am Eingang: 6,7 mA
– Spannungsmessung am Ausgang: 3,3 V
– Strommessung am Ausgang: 0 A (geringer Meßstrom)

Begründung: Durch den Lastwiderstand am Ausgang halbiert sich der Ausgangswiderstand. Der Eingangsstrom resultiert aus dem Gesamtwiderstand ($R_{ges} = 1,5$ kΩ).

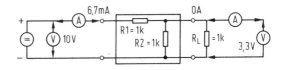

Abb. 1.12 Spannungsteiler belastet

Der Ausgangswiderstand ist nur noch 1 Drittel vom Gesamtwiderstand (0,5 kΩ), dadurch beträgt auch die Ausgangsspannung nur ein Drittel der Gesamtspannung.

Erkenntnis.   Der Lastwiderstand am Ausgang eines Spannungsteilers beeinflußt den Ausgangswiderstand und somit das Teilerverhältnis des Spannungsteilers. Das Teilerverhältnis für die Ausgangsspannung wird auf jeden Fall größer und damit die Ausgangsspannung kleiner.

Das Verhalten des ohmschen Widerstandes im Wechselstromkreis unterscheidet sich nicht in seinem Verhalten im Gleichstromkreis. Daher können die Betrachtungen des Widerstandes im Gleichstromkreis auf das Verhalten im Wechselstromkreis übernommen werden (soweit der Widerstand induktionsfrei ist).

1.2 Dioden im Gleich- und Wechselstromkreis

Im Gegensatz zu den ohmschen Widerständen haben Halbleiterbauelemente im Gleich- und Wechselstromkreis kein lineares Verhalten in Abhängigkeit von Strom und Spannung.

Das in seiner Funktion einfachste Halbleiterbauelement ist die Diode, die vorwiegend in Gleichrichter-, Demodulations-, Begrenzer- und Speicherschaltungen Anwendung findet.

In ihrem Aufbau bestehen die Dioden aus einem Anodenanschluß (p-leitend = Elektronenmangel) und einem Katodenanschluß (n-leitend = Elektronenüberschuß). Aus diesem pn-Übergang resultiert eine Grenzschicht, die sich bei wechselnder Polarität einer Spannung an den Elektrodenanschlüssen durch unterschiedliche Leitfähigkeit bemerkbar macht.

Diese Funktion kann durch eine Widerstandsmessung mit einem Multimeter überprüft werden, weil im Widerstandsmeß- und Diodenprüfbereich der Widerstand über einen Spannungs-

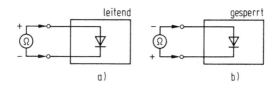

Abb. 1.13 Widerstandsmessung an der Diode a) in Durchlaßrichtung, b) in Sperrichtung

vergleich gemessen wird. In *Abb. 1.13* wird die Widerstandsmessung an einer Diode dargestellt. (Beachtet muß hierbei werden, daß bei Vielfachmeßgeräten (Multimeter), der Pluspol der Meßgerätebatterie häufig am Minuspol der Meßanschlüsse angeschlossen ist und manchmal am Pluspol.)

– Widerstandsmessung in Abb. 1.13*b*: hochohmig,
  größer (>) 1 MΩ
– Widerstandsmessung in Abb. 1.13*a*: niederohmig, 10...100 Ω

Begründung: Bei der ersten Messung ist der Pluspol des Meßkreises an der Katode der Diode angeschlossen und der Minuspol an der Anode der Diode. Die Diode ist in Sperrichtung gepolt, es fließt ein geringer Strom (µA), sie zeigt dadurch einen hochohmigen Sperrwiderstand.
Die zweite Messung nach Abb. 1.13a zeigt den Pluspol an der Anode und den Minuspol an der Katode. Die Diode ist in Durchlaßrichtung gepolt, es fließt ein Strom (mA), sie zeigt dadurch einen niederohmigen Leitwiderstand.

Erkenntnis: Die Richt- oder Ventilwirkung der Diode wird durch Polaritätswechsel an den Elektroden erzeugt.

Der gemessene Wert des Sperr- und Leitwiderstandes ist vom Spannungswert und dem Innenwiderstand des Meßkreises abhängig. Daher kann mit einer Widerstandsmessung nur das Richtverhalten geprüft, aber nicht ein genauer Widerstandswert festgestellt werden.

Das Widerstandsverhalten einer Diode kann durch eine einfache Meßreihe dargestellt werden. Für die Aufnahme der Widerstandskennlinie in *Abb. 1.14* sind eine Spannungsquelle (z. B. Batterie 4,5 V), zwei Meßinstrumente für Strom- und Spannungsmessung sowie 5 Festwiderstände der Normreihe E 12 erforderlich.

Die Anwendung von fünf Widerstandswerten ergibt bereits einen hinreichend genauen Kennlinienverlauf im Durchlaßbereich. Außerdem hat die Anwendung von Festwiderständen, im Gegensatz zu einem Potentiometer den Vorteil, daß man bereits bei der Kennlinienaufnahme die Werte der Vorwiderstände für bestimmte Diodenströme I_F und deren Diodenspannung U_F kennenlernt. Um die erforderlichen Widerstandswerte für die Kennlinienaufnahme zu erhalten, wählt man fünf Stromwerte, die sich gleichmäßig über den gesamten Meßbereich erstrecken. Daher werden gewählt: 0,01 mA, 0,1 mA, 1 mA, 10 mA und 100 mA. Zu beachten ist, daß der kleinste Meßbereich noch mit dem vorhandenen Multimeter zu messen ist.

Abb. 1.14a a) Einfache
Meßschaltung für Dioden

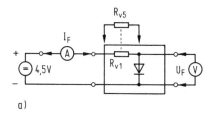

a)

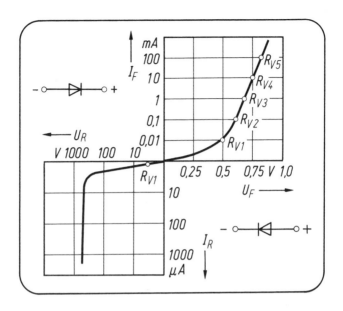

Abb. 1.14b b) Diodenkennlinie

Für die Diodenspannung U_F, die zwischen 0,2 und 0,7 V liegt, kann man einen Durchschnittswert von 0,5 V einsetzen. Die Widerstände errechnen sich dann wie folgt:

$$R_{V1} = \frac{U_R - U_F}{I_F} = \frac{4,5\ V - 0,5\ V}{0,01\ mA}$$

$$= \frac{4\ V}{0,01\ mA} = 400\ k\Omega \approx 390\ k\Omega$$

$R_{V2} = \dots\dots\dots\dots\dots\dots\dots\dots = 40\ k\Omega \approx 39\ k\Omega$

$R_{V3} = \dots\dots\dots\dots\dots\dots\dots\dots = 4\ k\Omega \approx 3,9\ k\Omega$

$R_{V4} = \dots\dots\dots\dots\dots\dots\dots\dots = 400\ \Omega \approx 390\ \Omega$

$R_{V5} = \dots\dots\dots\dots\dots\dots\dots\dots = 40\ \Omega \approx 39\ \Omega$

Die Widerstandswerte sind entsprechend der Normreihe E 12 abgerundet. Die dabei entstehenden Abweichungen von den vorgegebenen Stromwerten sind dabei ohne Bedeutung, weil in das Kennliniendiagramm Abb. 1.14*b* die tatsächlich gemessenen Werte für I_F und U_F eingetragen werden.

Mit dem gleichen Meßaufbau und den Widerstandswerten kann sowohl die Kennlinie einer Si-Diode als auch einer Ge-Diode aufgenommen werden.

In einem weiteren Versuch kann das Verhalten der Dioden bei umgekehrter Polarität untersucht werden. Dazu muß die Spannungsquelle oder die Diode umgepolt werden.

Man wird jetzt bei den gleichen Messungen feststellen, daß kein Strom mehr fließt, und die gesamte Spannung von $U_B = 4,5$ V an der Diode gemessen wird. R_D ist in diesem Fall wesentlich größer als R_V.

Bei dem Vorwiderstand R_{V1} kann der sogenannte Sperrstrom bestimmt werden. Hier zeigt sich bei Messung mit einem elektronischen Voltmeter, daß ein Teil der Gesamtspannung an R_{V1} abfällt. Daraus kann der Sperrstrom errechnet werden:

$$I_R = \frac{U_{RV}}{R_{V1}}$$

Vergleicht man jetzt die gemessene Diodenkennlinie mit der Kennlinie eines ohmschen Widerstandes, so ergibt sich folgender Unterschied:

Eine Kennlinienaufnahme an einer Siliziumdiode nach Abb. 1.14*a* ergibt eine Widerstandskennlinie, die unlinear verläuft. Im gesperrten Bereich verläuft die Kennlinie sehr flach, die Diode ist sehr hochohmig (hohe Spannung erzeugt nur geringen Sperrstrom). Erst bei einer relativ hohen Spannung (Durchbruchspannung) steigt der Strom sprunghaft an. Im Durchlaßbereich verläuft die Kennlinie steil, die Diode ist sehr niederohmig (geringe Spannung erzeugt großen Durchlaßstrom).

Aus der Widerstandskennlinie einer Diode sind daher auch die

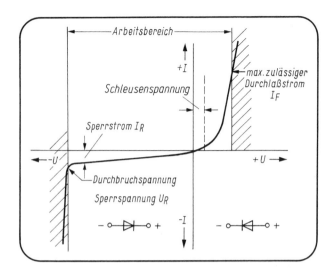

Abb. 1.15 Kennwerte der Diodenkennlinie

wichtigsten Kennwerte zu ersehen, die über ihre Anwendungs-
möglichkeit und Belastbarkeit Auskunft geben (*Abb. 1.15*).
Diese Kennwerte sind:

Durchlaßstrom I_F

In Betrieb wird die Diode vom Durchlaßstrom erwärmt. Die
Höhe dieses Stromes und damit die Belastbarkeit richtet sich nach
der höchsten Betriebstemperatur, die der Halbleiterwerkstoff
ohne Schaden aushalten kann.

Sperrspannung U_R

Die Sperrspannung ist die anliegende Spannung bei gesperrter

Diode. Der Scheitelwert dieser Spannung darf auf keinen Fall den Wert der Durchbruchspannung überschreiten.

Sperrstrom I_R

Im Sperrbereich ist der Sperrstrom sehr klein, er steigt auch bei zunehmender Sperrspannung nur gering an. Erst bei Erreichen der Durchbruchspannung nimmt der Sperrstrom sprunghaft zu und zerstört die Diode. Der Sperrstrom ist sehr temperaturempfindlich und wird mit zunehmender Temperatur größer.

Schleusenspannung

Zu beachten ist der Verlauf der Kennlinie bei kleinen Spannungen im Durchlaßbereich, etwa 0...0,1 V bei Germaniumdioden und 0,4 V bei Siliziumdioden. Bei diesen Schwellenspannungen ist der Innenwiderstand der Diode im leitenden Zustand relativ hoch, das Verhältnis von Sperrwiderstand zu Durchlaßwiderstand sehr gering.

In Schaltungen lassen sich Silizium- und Germaniumdioden anhand ihrer unterschiedlichen Spannungswerte im leitenden Zustand (*Abb. 1.16a*) und durch unterschiedliche Sperrspannungen und Sperrströme im gesperrten Zustand (Abb. 1.16*b*) unterscheiden.

Einschränkend muß dazu darauf hingewiesen werden, daß die in Abb. 1.16 angegebenen Richtwerte im weitesten Maße von dem Aufbau und der Leistungsfähigkeit der Dioden abhängig sind.

Übertragen wir die bisher gewonnenen Erkenntnisse auf praktische Anwendungsmöglichkeiten der Dioden an Wechselspannung, so wird es nicht schwer sein, ihre Funktion zu erkennen und richtig zu verstehen.

Als einfachste Schaltung dieser Art darf wohl die *Einweg-Gleichrichterschaltung* betrachtet werden (*Abb. 1.17*). Von dieser

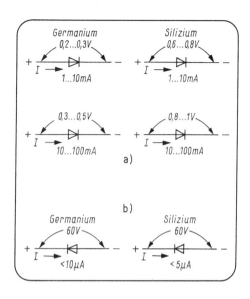

Abb. 1.16 a) Ströme und Spannungen an Dioden im leitenden Zustand
b) Ströme und Spannungen an Dioden im gesperrten Zustand

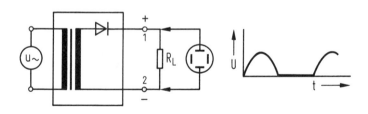

Abb. 1.17 Schaltung für Einweggleichrichtung

Schaltung ist bekannt, daß sie bei einem Wechselstrom mit sinus-
förmigem Verlauf nur eine Halbwelle verwertet, die andere wird
dagegen gesperrt. Die Wirkungsweise dieser Funktion läßt sich

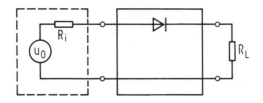

Abb. 1.18 Ersatzschaltbild für den Transformator

anhand der Ersatzschaltung nach *Abb. 1.18* leicht erklären. Die Sekundärwicklung des Transformators ist in diesem Bild ersatzweise als Generator mit dem Innenwiderstand R_i dargestellt. Wir nehmen für die Schaltung als Beispiel folgende Werte an:

Leerlaufspannung $u_0 = u_S = 50$ V, Innenwiderstand $R_i = 10 \, \Omega$, R_i der Diode im leitenden Zustand $= 10 \, \Omega$, im gesperrten Zustand $= 1$ MΩ, Lastwiderstand $R_L = 980 \, \Omega$.

Gehen wir zunächst davon aus, daß der Generator die positive Halbwelle der Wechselspannung abgibt, so wird sich beim positiven Spitzenwert der Halbwelle an den einzelnen Widerständen eine Spannungsaufteilung gemäß *Abb. 1.19* ergeben. Aus Abb. 1.19 ist weiter zu ersehen, daß bei der positiven Halbwelle, also im leitenden Zustand der Diode, der überwiegende Teil der Spannung (genau 98 % in diesem Beispiel) am Widerstand R_L abfällt. Damit erklärt sich auch, warum bei einer Gleichrichterschaltung die positive Gleichspannung an der Katode abgenom-

Abb. 1.19 Spannungsaufteilung bei der Spitzenspannung der positiven Halbwelle

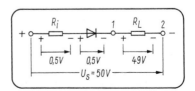

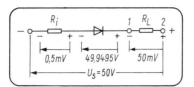

Abb. 1.20 Spannungsaufteilung bei der negativen Halbwelle

men wird. Die Spannung an der Anode im leitenden Zustand der Diode ist in jedem Fall immer positiver als die an der Katode abgenommene Spannung, auch wenn sie nur geringfügig höher ist. Bei der negativen Halbwelle wird die Diode gesperrt, und es ergibt sich an den einzelnen Widerständen eine Spannungsaufteilung gemäß *Abb. 1.20*. Die Spannungsaufteilung in Abb. 1.20 läßt erkennen, daß im gesperrten Zustand der Diode nahezu die gesamte Spannung an der Diode ansteht und deshalb an dem Lastwiderstand R_L, also am Ausgang der Gleichrichterschaltung, keine oder eine nur sehr niedrige Spannung zu messen ist.

Die Arbeitsweise der Einwegschaltung bedingt, daß nur eine Halbwelle der Sinusspannung an dem Lastwiderstand R_L wirksam wird. Das hat zur Folge, daß der erzeugten Gleichspannung eine hohe Welligkeit (Brummspannung) überlagert ist. Außerdem wird der Eisenkern des Transformators durch den Gleichstrom in der Sekundärwicklung vormagnetisiert, der Kern des Transformators muß deshalb besonders groß gewählt werden. Durch diese Nachteile ist der Anwendungsbereich der Einwegschaltung sehr begrenzt.

Nur dort, wo die Welligkeit von geringer Bedeutung ist und die erforderlichen Ströme klein sind, z. B. zur Erzeugung von Hilfsspannungen für Regelverstärker, ist die Anwendung sinnvoll.

Zum Selbsttesten

1.1 Welche Spannung müssen Sie an die Anode der Diode D

anlegen, damit in diesem Stromkreis ein Strom fließen kann (*Abb. 1A*)?

● + 10 V   ● + 3 V   ● + 1 V   ● 0 V   ● − 5 V

1.2 Wie sieht die Kurvenform der Ausgangsspannung an der Schaltung (*Abb. 1B*) aus?

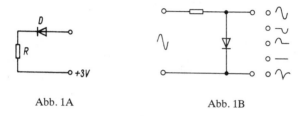

Abb. 1A   Abb. 1B

1.3 Transistor im Gleich- und Wechselstromkreis

Unter der Bezeichnung Transistor gibt es heute eine Anzahl von Transistorarten, die sich im Aufbau und in ihrer Funktion grundsätzlich unterscheiden. Die zwei wichtigsten der heute verwendeten Transistorarten sind:

a) der npn- bzw. pnp-Transistor
b) der FET (Feldeffekttransistor)

In diesem Abschnitt soll ausschließlich auf die am häufigsten angewendeten npn- und pnp-Transistoren eingegangen werden.

Im Abschnitt über die Dioden haben wir das Verhalten eines pn-Halbleiters kennengelernt. Dabei wurde auch erklärt, daß der Strom nur in einer Richtung durchgelassen wird, während bei umgekehrter Polarität die Diode gesperrt bleibt. Wie wir bereits wissen, ist dieses Verhalten eines pn-Halbleiters auf die Vorgänge in der Grenzschicht zurückzuführen, die sich zwischen der p-Zone

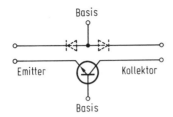

Abb. 1.21 NPN-Transistor, Aufbau und Symbol

und der n-Zone befindet (vergleiche Abb. 1.14). Wird dem np-Halbleiter ein weiterer n-Halbleiter angefügt, erhalten wir einen npn-Halbleiter, dessen schematischer Aufbau aus *Abb. 1.21* zu ersehen ist.

An diesem Halbleiter bilden sich demnach zwei Grenzschichten, deren Richtwirkung dem Verhalten zweier entgegengeschalteter Dioden entspricht und die den p-Leiter als gemeinsame Anode aufweisen. Ein diesem Aufbau entsprechender Halbleiter wird als npn-Transistor bezeichnet.

Der Name Transistor bedeutet soviel wie Übertragungswiderstand. Das Schaltsymbol des npn-Transistors ist ebenfalls aus Abb. 1.21 ersichtlich. Die einzelnen Halbleiterzonen des Transistors sind mit Anschlüssen versehen und ihrer Funktion entsprechend verschieden bezeichnet. Der Anschluß der links dargestellten Zone wird mit Emitter bezeichnet (Kennzeichen E), der Anschluß der mittleren Zone mit Basis (Kennzeichen B) und der Anschluß der rechten Zone trägt die Bezeichnung Kollektor (Kennzeichen K). Die Bedeutung und Funktion der einzelnen Zonen wird im nächsten Abschnitt erläutert. Über die Anordnung der Anschlüsse gibt das Datenbuch der Hersteller Auskunft. Die gebräuchlichsten Gehäuse der Kleinsignal- und Leistungstransistoren zeigt *Abb. 1.22*.

Neben dem npn-Transistor gibt es noch den pnp-Transistor (*Abb. 1.23*). Dieser hat im Gegensatz zum npn-Transistor als Emitter und Kollektor zwei p-leitende Schichten und als Basis

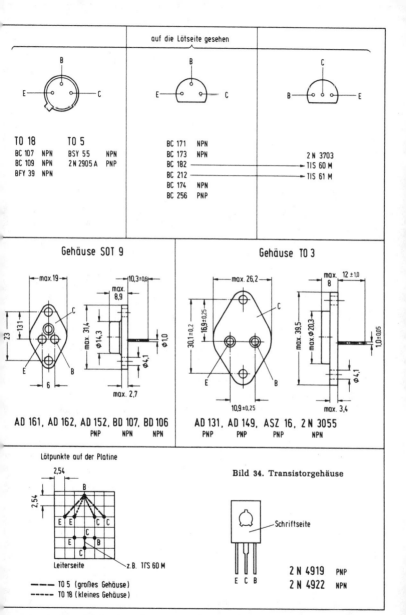

Abb. 1.22 Gehäuse und Anschlüsse für Transistoren

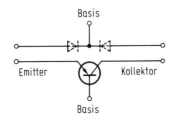

Abb. 1.23 PNP-Transistor, Aufbau und Symbol

eine n-leitende Schicht. In einem Schaltbild sind die beiden Transistorarten dadurch zu unterscheiden, daß an den Symbolen der Pfeil immer zur n-leitenden Elektrode zeigt, wie aus dem Vergleich der Abb. 1.21 und 1.23 zu ersehen ist: beim npn-Transistor zum n-leitenden Emitter, beim pnp-Transistor zur n-leitenden Basis.

Bezeichnungsschema für Transistoren und Dioden

Transistoren und Dioden werden nach einem einheitlichen Bezeichnungsschema aus einer Kombination von Buchstaben und Ziffern gekennzeichnet, das Auskunft über das Ausgangsmaterial und die Art der Verwendung gibt.

2 Buchstaben und 3 Ziffern bezeichnen Typen die vorwiegend in Rundfunk-, Fernseh- und Magnettongeräten Verwendung finden.

3 Buchstaben und 2 Ziffern bezeichnen kommerziell verwendete Typen, die in ihren elektrischen Kennwerten enger toleriert sind als die oben angegebenen (als 3. Buchstabe werden X, Y oder Z verwendet).

Der 1. Buchstabe bezeichnet das Ausgangsmaterial:

A = Germanium
B = Silizium
C = Gallium-Arsenid
D = Indium-Antimonid
R = Halbleitermaterial für Fotoleiter und Hallgeneratoren

Der 2. Buchstabe bezeichnet den Verwendungszweck

C = Kleinsignaltransistor für Anwendungen im Tonfrequenzbereich
D = Leistungstransistor für Anwendungen im Tonfrequenzbereich
F = Hochfrequenztransistor
L = Hochfrequenz-Leistungstransistor
S = Transistor für Schaltanwendungen
Y = Leistungsdiode
Z = Z-Diode

Die Ziffern sind eine firmeninterne Kennzeichnung und daher für den Anwender ohne Bedeutung.

Die Halbleiter ausländischer Hersteller haben teilweise andere Bezeichnungen.

Messen der Grenzschichten

Aufgrund der bisherigen Kenntnisse ist es möglich, das Vorhandensein der Grenzschichten durch einen praktischen Versuch nachzuweisen. Betrachten wir dazu die Schaltung *Abb. 1.24*. Mit Hilfe des Umschalters S 2 kann wahlweise der Basis-Kollektor-Übergang in der Stellung I oder der Basis-Emitter-Übergang in der Stellung II an den Meßkreis angeschlossen werden. Mit dem Doppelumschalter S 1 läßt sich die Polarität der Batterie an den

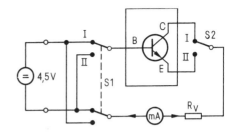

Abb. 1.24 Meßschaltung zur Überprüfung der Grenzschichten

Anschlüssen des Meßkreises tauschen. Damit der Transistor und das Meßinstrument gegen zu hohe Ströme geschützt werden, ist als Strombegrenzung der Widerstand R_V in den Meßkreis geschaltet. Stehen der Doppelumschalter S 1 und der Umschalter S 2 in der Stellung I, so wird der Strom, der durch den Basis-Kollektor-Übergang fließt, gemessen. In der Stellung II des Umschalters S 2 wird der Strom, der durch den Basis-Emitter-Übergang fließt, gemessen. Für die folgende Messung wird durch Umschalten des Doppelumschalters S 1 in Stellung II die Batterie umgepolt. Das Meßinstrument zeigt jetzt in den Stellungen I und II des Umschalters S 2 keinen Stromfluß an. Die Schlußfolgerungen aus diesen Messungen: Jeder pn-Übergang wirkt wie eine Diode und läßt den Strom nur in einer Richtung durch, d. h. es fließt nur dann Strom, wenn der positive Pol der Spannungsquelle an der p-Zone, also an der Basis, angeschlossen ist. Damit ist der Beweis erbracht, daß sich zwei Grenzschichten in einem Transistor befinden.

Die Steuerwirkung des Transistors

Durch den Aufbau des Transistors will man erreichen, daß ein kleiner Strom in der Basis-Emitter-Diode einen wesentlich größeren Strom in der Basis-Kollektor-Diode verursacht. Diese Funktion soll anhand des Versuchsaufbaues in *Abb. 1.25* deutlich gemacht werden. Für dieses Beispiel haben wir den npn-Silizium-transistor BC 182 gewählt. Aus Abb. 1.25 ist zu erkennen, daß die Stromquellen mit ihren positiven Polen an der Basis bzw. am Kollektor und mit den Minuspolen am Emitter angeschlossen sind. Der Emitter bildet dadurch das gemeinsame Bezugspotential für die ganze Schaltung. Wir haben es in dieser Schaltung mit zwei Stromkreisen zu tun, dem Emitter-Basis-Stromkreis und dem Emitter-Kollektor-Stromkreis. Außerdem läßt das eingezeichnete Ersatzschaltbild des Transistors in Form der gestrichelt dargestellten Dioden erkennen, daß die Basis-Emitter-Diode in Durchlaßrichtung, also leitend, angeschlossen ist; die Basis-Kollektor-Diode dagegen ist in Sperrichtung angeschlossen. Bemerkenswert ist auch, daß die positive Spannung am Kollektor größer ist, als die positive Spannung an der Basis.

Beginnen wir den Versuch in der Schalterstellung „0 V" des Schalters, so werden wir feststellen, daß in der Basis-Emitter-Diode und im Kollektor-Emitter-Stromkreis kein Strom fließt. In der Schalterstellung „0,8 V" wird in beiden Stromkreisen ein

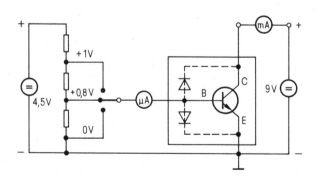

Abb. 1.25 Meßschaltung zur Überprüfung der Steuerwirkung des NPN-Transistors

Strom fließen. Der Strom im Emitter-Basis-Stromkreis wird etwa 500...800 µA groß sein, der Strom im Emitter-Kollektor-Stromkreis etwa 50...100 mA. Diese Ströme bezeichnen wir kurz als Basis- bzw. Kollektorstrom. Sie würden im gleichen Verhältnis (etwa um das 5...10fache) ansteigen, wenn wir den Schalter S in die Stellung „1 V" bringen. Beim Transistor tritt demnach eine Steuerwirkung auf, d. h. eine Änderung des Basisstromes verursacht eine wesentlich größere Änderung des Kollektorstromes; mit anderen Worten formuliert: Ein kleiner Basisstrom steuert einen großen Kollektorstrom. Das Verhältnis der Änderung des Kollektorstromes zur Änderung des Basisstromes wird als dynamische Stromverstärkung bezeichnet und mit dem Buchstaben β (Beta) gekennzeichnet.

Fließt kein Basisstrom, so fließt im Kollektor nur ein kleiner Sperrstrom (auf die Bedeutung des Sperrstromes wird in Abschnitt 13.8 eingegangen). Fließt dagegen ein Basisstrom, so gelangen vom Emitter Ladungsträger in die dünne Schicht der Basis. Beim npn-Transistor emittiert der Emitter Elektronen, dagegen werden beim pnp-Transistor vom Emitter positive Ladungsträger, sogenannte Löcher, emittiert. Die Dicke der Basisschicht bestimmt im wesentlichen den statischen Stromverstärkungsfaktor B des Transistors. Durch die Überflutung der Basis mit Ladungsträgern wird die Sperrschicht der in Sperrrichtung gepolten Basis-Kollektor-Diode abgebaut, und die Mehrzahl der Elektronen fließt durch die Saugwirkung der Kollektorspannung über den Kollektor. Im Emitter fließt entsprechend ein Gesamtstrom, der sich aus Basis- und Kollektorstrom zusammensetzt.

Für einen pnp-Transistor gilt der gleiche Versuchsaufbau wie der in Abb. 1.25. Nur müssen wir berücksichtigen, daß beim pnp-Transistor der Kollektor und der Emitter aus p-leitenden Zonen bestehen und die Basis eine n-leitende Zone aufweist. Dementsprechend werden die Stromquellen mit den negativen Polen an die Basis und den Kollektor angeschlossen (*Abb. 1.26*). Somit ist auch in dieser Schaltung die Basis-Emitter-Diode in Durchlaßrichtung angeschlossen, die Basis-Kollektor-Diode in Sperrichtung. Verwendet man für eine Schaltung anstelle eines Si-Transistors einen Ge-Transistor, dann muß der unterschiedlichen Leitfähigkeit der beiden Halbleiter entsprechend die Basis des Ge-Transistors eine geringere Spannung erhalten (vgl. dazu die Abb. 1.16, 1.25 und 1.26).

Die Gegenüberstellung des npn- und des pnp-Transistors in *Abb. 1.27* soll nochmals die Unterschiede in der Polarität der angeschlossenen Stromquellen und der Stromverläufe deutlich machen.

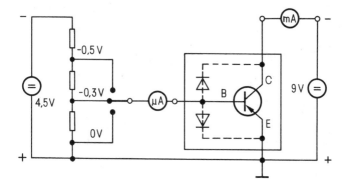

Abb. 1.26 Meßschaltung zur Überprüfung der Steuerwirkung des PNP-Transistors

Abb. 1.27 Stromrichtung und Spannungspolarität

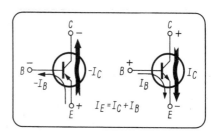

Zum Selbsttesten

1.3 Für den folgenden Transistortyp BFY 19 sind die wichtigsten Angaben anzukreuzen!

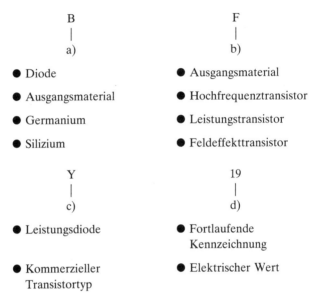

B
|
a)

- Diode
- Ausgangsmaterial
- Germanium
- Silizium

F
|
b)

- Ausgangsmaterial
- Hochfrequenztransistor
- Leistungstransistor
- Feldeffekttransistor

Y
|
c)

- Leistungsdiode
- Kommerzieller Transistortyp

19
|
d)

- Fortlaufende Kennzeichnung
- Elektrischer Wert

1.4 Um welchen Wert etwa ist die Basisgleichspannung eines Si-Transistors größer als die eines Ge-Transistors? Vorausgesetzt sind gleiche Leistung und gleicher Kollektorstrom.

- 0,1 V ● 1 V ● 0,3...0,5 V ● 0,1...0,8 V

1.5 In welchem der folgenden Bilder (*Abb. 1C*) kann ein Kollektor-Emitterstrom fließen?

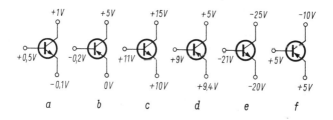

Abb. 1C

Kennlinien und Grenzwerte

Nachdem wir uns über den Aufbau und die Wirkungsweise des Transistors informiert haben, müssen wir jetzt seine elektrischen Eigenschaften genauer kennenlernen. Das geeignetste Mittel hierfür sind die Kennlinien, die innerhalb der erreichbaren Meßgenauigkeit charakteristisch für jeden einzelnen Transistor sind. Obwohl jedes Transistorexemplar seine individuellen Kennlinien besitzt, die durch Fertigungstoleranzen bedingt sind, ist es durchaus möglich, einen charakteristischen Kennlinienverlauf für alle Transistoren anzugeben. Wie eine Elektronenröhre hat auch ein Transistor drei wichtige Arten von Kennlinien: die U_{BE}-I_B-Kennlinie (Eingangskennlinie), die I_C-I_B-Kennlinie (Steuerkennlinie) und das I_C-U_{CE}-Kennlinienfeld (Ausgangskennlinien). Durch die Indizes BE und CE soll zum Ausdruck gebracht werden, daß es sich dabei um die Spannungen zwischen der Basis und dem Emitter, bzw. zwischen dem Kollektor und dem Emitter handelt.

Beschäftigen wir uns zuerst mit der statischen U_{BE}-I_B-Kennlinie, die als Eingangskennlinie bezeichnet wird und praktisch den Widerstandsverlauf des Basisbahnwiderstandes zwischen Basis und Emitter darstellt.

Diese Kennlinie in *Abb. 1.28b* kann man mit Hilfe der Versuchsschaltung Abb. 1.28a aufnehmen.

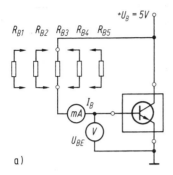

Abb. 1.28 a) Meßschaltung zur Darstellung der b) Eingangskennlinie

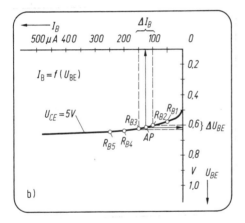

Man stellt hierbei etwa die gleichen Betriebsspannungen ein wie bei der Aufnahme der Diodenkennlinie (vgl. Abb. 1.14). Berücksichtigen sollte man hier bereits die später zur Aufnahme des I_C-U_{CE}-Kennlinienfeldes einzustellenden Basisströme, z. B. in 50-μA-Stufen von 50 μA bis 250 μA bei dem Kleinsignaltransistor BSX 24 C.

Bei einem Kleinsignaltransistor ergeben sich bei Basisströmen zwischen 50 μA und 250 μA Basis-Emitter-Spannungen von U_{BE}

= 0,55 bis 0,65 V. Der Basisvorwiderstand R_B läßt sich daher ausreichend genau bei $U_{BE} = 0,6$ V bestimmen. Die einzelnen Widerstände werden für fünf Basisströme errechnet:

$$R_{B1} = \frac{U_B - U_{BE}}{I_B} = \frac{5\text{ V} - 0,6\text{ V}}{50\text{ }\mu\text{A}} = \frac{4,4\text{ V}}{50\text{ }\mu\text{A}}$$

$$= 0,088\text{ M}\Omega = 88\text{ k}\Omega\ (\text{E }24 = 91\text{ k}\Omega)$$

$$R_{B2} = 44\text{ k}\Omega\ (\text{E }24 = 43\text{ k}\Omega),\ R_{B3} = 30\text{ k}\Omega\ (\text{E }24 = 30\text{ k}\Omega)$$

$$R_{B4} = 22\text{ k}\Omega\ (\text{E }24 = 22\text{ k}\Omega),\ R_{B5} = 18\text{ k}\Omega\ (\text{E }24 = 18\text{ k}\Omega).$$

Man setzt nun die einzelnen Widerstände der Reihe nach in die Schaltung Abb. 1.28a ein und mißt bei jedem Widerstandswert die Basisströme I_B und die Basis-Emitter-Spannungen U_{BE}.

Die Meßwerte werden in das Diagramm für $I_B = f(U_{BE})$ durch Markierungskreuzchen eingetragen und miteinander verbunden. Man erhält dadurch eine Kennlinie, die in ihrem Kennlinienverlauf den Widerstandsverlauf einer Siliziumdiode (Abb. 1.14) entspricht. Dies ist verständlich, wenn man berücksichtigt, daß sich praktisch zwischen Basis und Emitter eine Diodenfunktion befindet (vgl. Abb. 1.21).

Aus der Eingangskennlinie (Abb. 1.28b) $I = f(U_{BE})$ kann demnach auch der Eingangswiderstand ermittelt werden. Dabei unterscheidet man zwei Arten von Eingangswiderständen, den dynamischen oder differentiellen Widerstand r_e und den statischen Widerstand R_e im Arbeitspunkt AP.

Wird die Basis-Emitterspannung um den Betrag ΔU_{BE} geändert, ändert sich der Basisstrom I_B ebenfalls um einen bestimmten Wert. Daraus resultiert nach dem ohmschen Gesetz der dynamische Eingangswiderstand:

$$r_e = \frac{\Delta U_{BE}}{\Delta I_B}\ (\text{Beispiel Abb. 1.28a)}\quad r_e = \frac{30\text{ mV}}{50\text{ }\mu\text{A}} = 0,6\text{ k}\Omega$$

Der statische Eingangswiderstand ergibt sich aus dem Arbeitspunkt:

$$R_e = \frac{U_{BE}}{I_B} \text{ (Beispiel Abb. 1.28a)} \quad R_e = \frac{615 \text{ mV}}{125 \text{ μA}} = 4,9 \text{ kΩ}$$

Diese beiden Widerstandswerte besagen folgendes:

Der durch einen Arbeitspunkt festgelegte Eingangswiderstand R_e von 4,9 kΩ ändert sich bei einer Eingangsspannung von 30 mV im Arbeitspunkt AP um den dynamischen Eingangswiderstand r_e = 600 Ω, also von 4,6 kΩ bis 5,2 kΩ (4,9 kΩ ± 300 Ω).

Die Gewinnung der statischen I_C-I_B-Kennlinie in *Abb. 1.29* erfolgt mit den gleichen Werten für die Basisvorwiderstände R_B wie in Abb. 1.28a. Zur Ermittlung der einzelnen Meßpunkte müssen daher nur die Kollektorströme I_C gemessen werden. Die Basisströme werden aus Abb. 1.28b übernommen.

Zu beachten ist, daß die I_C-I_B-Kennlinie nur für eine bestimmte und konstante Kollektorspannung U_{CE} gilt, die über den ganzen Meßvorgang beibehalten werden muß, in diesem Beispiel U_{CE} = 5 V. Jede Veränderung dieser Spannung während der Aufnahme der Kennlinie ergibt eine Meßverfälschung bzw. einen anderen Kennlinienverlauf. Der Verlauf der Steuerkennlinie gibt die

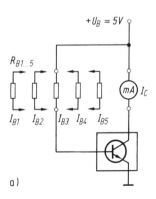

Abb. 1.29 a) Meßschaltung zur Darstellung der b) Steuerkennlinie

a)

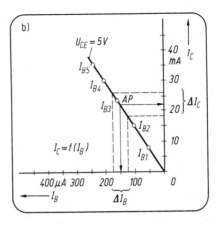

Abb. 1.29b

Werte der Kollektorströme in Abhängigkeit der Basisströme an und somit auch das Verhältnis von I_B zu I_C. Daher kann auch anhand dieser Kennlinie die dynamische und die statische Stromverstärkung bestimmt werden. Die statische Stromverstärkung ergibt sich im Arbeitspunkt AP aus dem Stromverhältnis:

$$B = \frac{I_C}{I_B} \text{ (Beispiel Abb. 1.29}b) \quad B = \frac{22 \text{ mA}}{150 \text{ μA}} \approx 150\text{fach}$$

Die dynamische Stromverstärkung wird aus dem Verhältnis der Stromänderung errechnet:

$$\beta = \frac{\Delta I_C}{\Delta I_B} \text{ (Beispiel Abb. 1.29b)} \quad \beta = \frac{7,5 \text{ mA}}{50 \text{ μA}} = 150\text{fach}$$

Fassen wir nochmals die Erkenntnisse aus den soeben aufgezeichneten Kennlinien zusammen, so ergeben sich folgende wichtige Merkmale für den Transistor:

● Der Transistor kann nicht leistungslos gesteuert werden, zur Steuerung des Kollektorstromes ist ein Basisstrom erforderlich.

43

● Das Verhältnis Basisstrom zu Kollektorstrom ist über den gesamten Aussteuerbereich konstant.

● Die Eingangskennlinie eines Si-Transistors entspricht in ihrem Verlauf einer Si-Diodenkennlinie.

Das I_C-U_{CE}-Kennlinienfeld ist das Diagramm, das über alle Kennwerte Auskunft gibt, die den Kollektor-Emitter-Ausgangskreis betreffen, im Gegensatz zum Eingangskreis, den die U_{BE}-I_B-Eingangskennlinie definiert. Die I_C-U_{CE}-Kennlinien werden bei verschiedenen Basisströmen I_B aufgenommen (vgl. *Abb. 1.30a*). Zur Aufnahme dieser Kennlinien werden daher wieder die Basiswiderstänbnde R_{B1} bis R_{B5} benötigt. Für die Kollektor-Emitter-Spannung U_{CE}, die in Stufen veränderbar sein muß, benötigt man eine Spannung, die von 0...30 V veränderbar ist, oder eine Festspannung und ein entsprechendes Potentiometer. Mit den Basiswiderständen werden zuerst die Basisströme vorgegeben. Dann wird mit Hilfe der einstellbaren Kollektor-Emitterspannung U_{CE} bei den einzelnen Basisströmen die Spannung, ausgehend von $U_{CE} = 0$ V, fortlaufend erhöht und der dazugehörige Strom I_C an dem Meßinstrument abgelesen. Zur Aufnahme der I_C-U_{CE}-Kennlinien genügt es, wenn die Spannung U_{CE} in 5-V-Schritten einge-

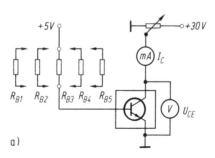

a)

Abb. 1.30 a) Meßschaltung zur Darstellung der b) Ausgangskennlinie

stellt wird und die dazugehörigen Kollektorströme festgehalten werden. Aus den einzelnen I_C-U_{CE}-Kennlinien ist zu ersehen, wie sich bei annähernd konstantem Basisstrom der Kollektorstrom in Abhängigkeit von der Kollektorspannung ändert.

Da der Innenwiderstand des Transistors zwischen Kollektor und Emitter (Generatorinnenwiderstand) für die nachfolgende Ausgangslast von Bedeutung ist, kann man diesen anhand der I_C-U_{CE}-Kennlinien für jeden Arbeitspunkt bestimmen. Auch hier unterscheidet man zwischen statischem und dynamischem Ausgangswiderstand:

$$r_a = \frac{\Delta U_{CE}}{\Delta I_C} \text{ (Beispiel Abb. 1.30}b) \quad r_a = \frac{5 \text{ V}}{4 \text{ mA}} \approx 1,2 \text{ k}\Omega$$

Der statische Ausgangswiderstand ergibt sich aus dem Arbeitspunkt bzw. dem festgelegten Basisstrom:

$$R_a = \frac{U_{CE}}{I_C} \text{ (Beispiel Abb. 1.30b)} \quad R_a = \frac{12,5 \text{ V}}{60 \text{ mA}} = 0,2 \text{ k}\Omega$$

Aus dem angegebenen Beispiel ist ersichtlich, daß sich der Ausgangswiderstand in Abhängigkeit des Arbeitspunktes ändert.

Abb. 1.30b

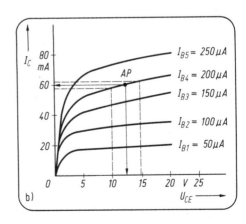

45

Faßt man die Kennlinien der Abb. 1.28b bis 1.30b in einem Koordinatensystem zusammen, erhält man eine zusammenfassende Darstellung der Kennlinien (*Abb. 1.31*). Dadurch ist es möglich, die einzelnen Eingangs- und Ausgangskennwerte sowie die Stromverstärkung im Zusammenhang darzustellen.

Bei gegebenem Arbeitspunkt AP und dem Aussteuerbereich ΔU_{BE}, bzw. I_B, ist es möglich, die Kennwerte: Stromverstärkung, Eingangswiderstand und Ausgangswiderstand zu bestimmen, bzw. festzulegen. Diese Kennlinien werden von den Produzenten von Transistoren in Datenblättern und -büchern für die einzelnen Typen und für die verschiedensten Betriebsbereiche dargestellt.

Dies betrifft vor allem das I_C-U_{CE}-Kennlinienfeld, das über die einzelnen Kennwerte am aussagefähigsten ist.

Für die Anwendung der Transistoren werden von den Herstellern verschiedene Grenzwerte angegeben, deren Einhaltung die Funktion und die Betriebssicherheit des Transistors gewährleisten.

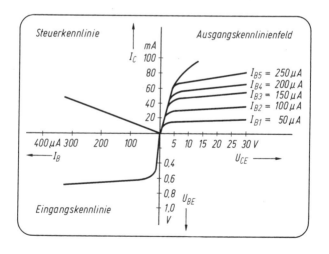

Abb. 1.31 Kennlinien des Transistors im Koordinatensystem

Einer dieser Grenzwerte ist die maximal zulässige Gesamtverlustleistung P_{tot}. Die in einem Transistor oder in einer Diode erzeugte Verlustleistung wird in Wärme umgesetzt und kann bei ungenügender Wärmeableitung zur Zerstörung des Bauteils führen. Die Belastbarkeit eines Halbleiters ist im wesentlichen von seinem Aufbau und von der im Betrieb vorhandenen Kühlung abhängig.

Die zulässige Verlustleistung wird daher in einem Datenblatt immer für bestimmte Betriebsbedingungen angegeben. Wird z. B. für einen Transistor eine zulässige Verlustleistung $P_{tot} = 150$ mW angegeben, so bedeutet das, daß dieser Transistor im Betrieb bei ruhender Luft, d. h. Gehäuse ohne Ventilator, und einer Umgebungstemperatur von max. 45 °C diese Leistung abgeben kann. Beträgt die Umgebungstemperatur im Anwendungsfall z. B. 60 °C, so wird der Transistor überlastet, da durch die höhere Umgebungstemperatur die entstehende Wärme schlechter abgeleitet werden kann. Bei Transistoren mit geringer Verlustleistung (z. B. Vorstufentransistoren) genügt es, wenn die Wärme vom Gehäuse an die umgebende Luft abgeführt wird. Dagegen haben Leistungstransistoren sehr hohe Verlustleistungen. Die Wärmeableitung dieser Transistoren wird durch Kühlschellen oder durch Festschrauben des Transistors auf einem Kühlblech oder dem Chassis verbessert.

Transistoren und Dioden dürfen deshalb nicht im Betrieb aus den Kühlschellen gezogen werden, da sonst die Wärme nicht genügend abgeführt werden kann und der Transistor zerstört wird.

Ein Maß für den Widerstand, der der Wärme bei ihrer Ableitung an die Luft oder an die Kühlfläche entgegengesetzt wird, ist der thermische Widerstand. Um die zulässige Verlustleistung berechnen zu können, müssen die thermischen Betriebsbedingungen bekannt sein. Der Halbleiterkristall darf bei Germanium 70...90 °C, bei Silizium 150...200 °C erreichen. Die zulässige Verlustleistung ist daher von der Umgebungstemperatur T_U abhängig. Je kleiner die Differenz zwischen T_U und der maximalen Kristalltemperatur ist, um so geringer ist die Wärmeabgabe und um so niedriger ist die zulässige Verlustleistung. Beträgt bei einem Ge-Transistor die Umgebungstemperatur $T_U = 70\,°C$, darf der Transistor keine zusätzliche Wärme entwickeln, da sonst die maximale Kristalltemperatur überstiegen würde. Die zulässige Verlustleistung wäre in diesem Fall $P_{tot} = 0\,W$. Sind der thermische Widerstand R_{th}, die maximale Kristalltemperatur T_j (Sperrschichttemperatur) und die Umgebungstemperatur T_U bekannt, so kann die zulässige Verlustleistung P_{tot} nach folgender Formel berechnet werden:

$$P_{tot} = \frac{T_j - T_U}{R_{th}}$$

Der thermische Widerstand wird in Datenblättern mit drei verschiedenen Kennzeichnungen angegeben:

R_{thJU} ist der thermische Widerstand zwischen Halbleiterkristall und ruhender umgebender Luft. Mit dessen Wert wird gerechnet, wenn keine besonderen Kühlmaßnahmen getroffen werden.

R_{thJG} ist der thermische Widerstand zwischen Halbleiterkristall und Halbleitergehäuse bei unendlich guter Wärmeableitung vom Gehäuse ($T_G = T_U$).

R_{thL} ist der thermische Widerstand zwischen Halbleiterkristall und ruhender umgebender Luft bei Verwendung eines Kühlblechs bestimmter Größe.

Beispiel:

$$R_{thJU} \leqq 370\ grd/W \qquad T_j = 90\,°C$$
$$R_{thJG} \leqq 110\ grd/W \qquad T_U = 40\,°C$$

$$P_{tot} = \frac{90 - 40}{370} = 185\ mW$$

(Wärmeableitung an Luft)

48

$$P_{tot} = \frac{90 - 40}{110} \approx 455 \text{ mW}$$

(bei unendlich guter Warmeableitung vom Gehäuse)

Das Beispiel zeigt, daß ein wirksam gekühlter Halbleiter wesentlich stärker belastet werden kann als einer in ruhender Luft. Aus der zulässigen Verlustleistung P_{tot} kann auch jetzt errechnet werden, wie groß bei einer bestimmten Kollektor-Emitter-Spannung U_{CE} bei äußerster Belastung der zulässige Kollektorstrom I_C sein darf, um den Transistor nicht zu überlasten. Aus der Leistungsformel $P_{tot} = U_{CE} \cdot I_C$ ergibt sich die Berechnung des höchstzulässigen Kollektorstromes:

$$I_C = \frac{P_{tot}}{U_{CE}}$$

Beträgt bei einem Transistor die Kollektorspannung $U_{CE} = 20$ V, dann darf der Kollektorstrom bei einer Gesamtverlustleistung des Transistors von $P_{tot} = 0,3$ W den Wert $I_C = 0,3$ W/20 V = 0,015 A = 15 mA nicht überschreiten. Bei einer Kollektorspannung von $U_{CE} = 16$ V darf sich höchstens ein Kollektorstrom von $I_C = 0,3$ W/16 V $\approx 0,018$ A = 18 mA ergeben.

In der *Tabelle 1.1* sind einige zusammengehörige Werte für U_{CE} und I_C angegeben. Werden diese Werte in das I_C/U_{CE}-Kennlinien-

Tabelle 1.1 Zusammenhang zwischen U_{CE} und I_C

U_{CE} in V	I_C in mA
4	75
8	37,5
12	25
16	18
20	15

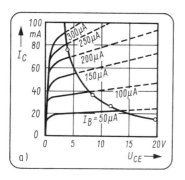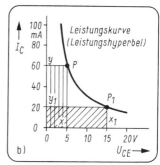

Abb. 1.32 Leistungsgrenze im Kennlinienfeld

feld des Transistors BC 182 eingetragen und durch Punkte miteinander verbunden, dann ergibt sich der in *Abb. 1.32a* eingezeichnete Kurvenverlauf, der als Leistungskurve des Transistors bezeichnet wird.

In den meisten Transistor-Datenbüchern finden wir die Leistungskurve in dem vom Hersteller angegebenen I_C/U_{CE}-Kennlinienfeld eingezeichnet. Es ist in diesem Fall nicht schwer, mit Hilfe dieser Leistungskurve die Grenzwerte der Ströme und Spannungen für den Transistor zu ermitteln.

Als Beispiel dazu verwenden wir die in Abb. 1.32*b* eingezeichnete Leistungskurve. Wir bestimmen einen beliebigen Punkt P auf der Leistungskurve und ziehen von diesem Punkt eine waagerechte Linie nach links auf die Ordinate, die dem Kollektorstrom zugeordnet, und eine senkrechte Linie nach unten auf die Abszisse, die der Kollektorspannung zugeordnet ist. Die Schnittpunkte der Linien werden mit X und Y gekennzeichnet. Der Kollektorstrom I_C, am Punkt Y eingetragen, wird mit der Kollektorspannung U_{CE}, am Punkt X eingetragen, multipliziert. Die Leistung wird dann aus dem durch die Verbindungslinien der Punkt 0 Y P X eingeschlossenen Fläche dargestellt. Für jeden Punkt der Leistungskurve muß sich die gleiche Leistung ergeben. Deshalb können wir auch die dem Punkt P 1 zugehörigen Werte für den Kollektorstrom I_C und die Kollektorspannung U_{CE} miteinander multiplizieren. Das daraus resultierende Rechteck (schräge Schraffierung) 0 Y1 P1 X1 weist den gleichen Flächenumfang auf wie das senkrecht schraffierte Rechteck, und es stellt deshalb ebenfalls dieselbe Grenzleistung des Transistors dar. Eine Kurve, deren Punkte in einer Koordinate gleichen Flächen zugeordnet sind, wird in der Mathematik als Hyperbel bezeichnet. Die Leistungskurve wird deshalb auch Leistungshyperbel genannt.

Außer der maximalen Gesamtverlustleistung P_{tot} sind für den Transistor auch noch die Grenzwerte der höchstzulässigen Ströme und Spannungen zwischen den einzelnen Elektroden angegeben. Die Emitter-Basis-Grenzschicht ist bei weitem nicht so belastbar wie die Basis-Kollektor-Grenzschicht. Die wichtigsten dieser Grenzwerte für den in unserem Beispiel verwendeten Transistor BC 182 sind:

Kollektor-Basis-Spannung $U_{CB\,0} = 60$ V
Kollektor-Emitter-Spannung $U_{CE\,0} = 50$ V
Emitter-Basis-Spannung $U_{EB\,0} = 6$ V
Kollektorstrom $I_C = 200$ mA

Zum Selbsttesten

1.6 Welche Vorteile haben Siliziumtranistoren gegenüber Germaniumtransistoren?
● höhere Erschütterungsfestigkeit
● höhere zulässige Kristalltemperatur
● kürzere Anstiegszeiten
● kleinere Sättigungsspannungen

1.7 In welcher Elektrode des Transistors fließt der größte Strom?
● im Kollektor

- in der Basis
- im Emitter

1.8 Was geschieht, wenn die Spannungsdifferenz zwischen der Basis und dem Kollektor durch Erhöhen der Basis-Emitter-Spannung verringert wird?
- Der Kollektorstrom des npn-Transistors wird größer.
- Der Kollektorstrom des pnp-Transistors wird kleiner.
- Der Basisstrom wird größer.
- Keine der Antworten trifft zu.

1.9 Die dynamische I_C/I_B-Kennlinie eines Transistors ist bestimmten konstanten Größen zugeordnet. Dies sind:
- Kollektorspannung U_{CE}
- Kollektorwiderstand R_C
- Batteriespannung U
- Kollektorstrom I_C

1.10 Die Polaritätsumkehr bei der Emitterschaltung bedeutet:
- daß sich der Kollektorstrom gleichsinnig mit der Basisspannung ändert
- daß sich die Kollektorspannung gegensinnig zur Basisspannung ändert
- daß sich die Spannung am Kollektorwiderstand gleichsinnig mit dem Basisstrom ändert
- daß sich die Kollektorspannung gegensinnig zum Basisstrom ändert

1.11 Die Leistungskurve (Leistungshyperbel) im I_C/U_{CE}-Kennlinienfeld des Transistors:
- gilt nur für eine bestimmte Größe des Kollektorwiderstandes
- ist einer bestimmten Gesamtverlustleistung P_{tot} zugeordnet
- darf von der Widerstandsgeraden des Kollektorwiderstandes nicht geschnitten werden
- kennzeichnet die Steuerwirkung des Transistors

2 Anwendung
der Grundbauelemente

Nachdem die Grundbauelemente eingehend in ihrer Funktion dargestellt wurden, sollen in diesem Abschnitt ihre verschiedenen Anwendungsmöglichkeiten dargestellt werden.

2.1 Gleichrichter- und Siebschaltungen

Ein besserer Wirkungsgrad als durch die Einwegschaltung in Abb. 1.17 wird durch die in *Abb. 2.1* dargestellte *Mittelpunktschaltung*, auch als Zweiwegschaltung bezeichnet, erzielt. Bei dieser Schaltung werden beide Halbwellen der Wechselspannung zur Gewinnung der Gleichspannung genutzt. Die Vormagnetisierung des Transformators wird durch die gegensinnige Polarität der Wechselspannung an der aufgeteilten Sekundärwicklung aufgehoben.

Die Funktion der Mittelpunktschaltung läßt sich anhand der Überlegungen bei der Einwegschaltung ebenfalls leicht erklären. Setzen wir für die Betrachtung des Ersatzschaltbildes die Werte aus dem Beispiel der Einwegschaltung ein, so ergibt sich für den

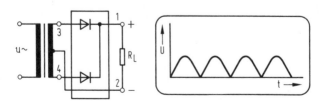

Abb. 2.1 Zweiweggleichrichtung

53

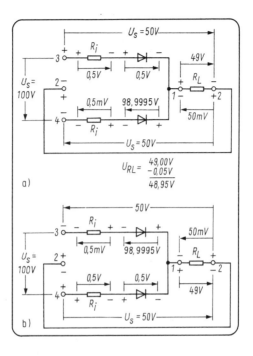

Abb. 2.2 Spannungsaufteilung für a) positive Halbwelle
b) negative Halbwelle

Spitzenwert der positiven Halbwelle die Spannungsaufteilung
nach *Abb. 2.2a*; für den Spitzenwert der negativen Halbwelle die
Spannungsaufteilung nach Abb. 2.2*b*.

Wie aus der *Abb. 2.2* zu ersehen ist, liegt aufgrund der Reihenschaltung der Sekundärwicklungen des Transformators immer
eine Spitzenspannung an den Dioden an, die den doppelten
Betrag von U_S hat. Für die nichtleitende Diode ergibt sich somit
eine Spannung, die lediglich um die Spannungsabfälle der Innenwiderstände und der leitenden Diode geringer ist als $2 \cdot U_S$, in

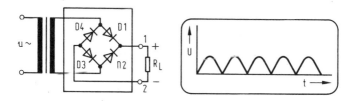

Abb. 2.3 Brückengleichrichtung

diesem Beispiel 100 V − 1,0005 V = 98,9995 V. Somit ergibt sich die Notwendigkeit, daß die Sperrspannung U_R der Diode doppelt so hoch sein muß wie die gleichgerichtete Wechselspannung.

Die sogenannte *Brückenschaltung* (*Abb. 2.3*) ist die wirtschaftlichste Gleichrichterschaltung. Sie ermöglicht den größten Wirkungsgrad bei der Ausnützung des Transformators. Bei der gleichen Anzahl von Windungen wie bei der Einwegschaltung erbringt sie denselben Wirkungsgrad wie die Mittelpunktschaltung mit doppelter Windungsanzahl auf der Sekundärseite des Transformators. Für die Brückenschaltung ergeben sich durch die Verwendung von vier Dioden etwas andere Spannungsverhältnisse als bei der Mittelpunktschaltung. Dies ist verständlich, wenn man berücksichtigt, daß sich die anliegende Spannung jeweils auf zwei Dioden verteilt. Betrachten wir dazu die in *Abb. 2.4a* dargestellte Spannungsaufteilung beim positiven Spitzenwert der Sinushalbwelle, so können wir daraus erkennen, daß die Dioden D 1 und D 3 leitende Polaritäten aufweisen. (Der Lastwiderstand R_L wird in dieser Schaltung mit 970 Ω angenommen.) Der Einfluß der Innenwiderstände von den Dioden D 2 und D 4 auf den Hauptstromzweig ist so gering, daß er vernachlässigt werden kann. Bei der negativen Halbwelle der Wechselspannung (Abb. 2.4b) sind die Dioden D 1 und D 3 gesperrt, der Stromkreis wird durch die leitenden Dioden D 2 und D 4 geschlossen.

Die aus den Gleichrichterschaltungen gewonnenen Halbwellen gleicher Polarität müssen durch eine Siebschaltung bestehend aus

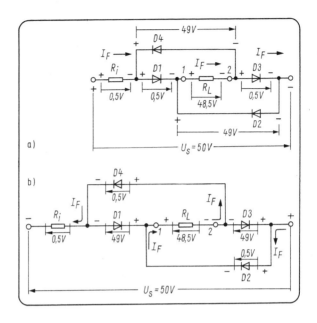

Abb. 2.4 Spannungsaufteilung für a) positive Halbwelle
b) negative Halbwelle

einem Ladekondensator (vgl. *Abb. 2A*) und zumeist einen nachfolgenden Siebglied (*Abb. 2B*) zu einer Gleichspannung geglättet werden.

In welchem Maße dies gelingt, ist von der Größe des Ladekondensators und dem parallel geschalteten Lastwiderstand abhängig.

Der Ladekondensator (C 1 bzw. C 2 in Abb. 2A) hat die Aufgabe, die Halbwellen in eine Gleichspannung zu verändern (vgl. *Abb. 2.5*). Der Kapazitätswert des Kondensators wird im wesentlichen durch den Laststrom I_L und der Frequenz f_N der gleichzurichtenden Wechselspannung bestimmt. Da bei Netz-

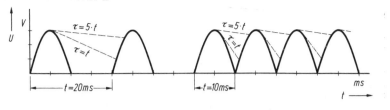

Abb. 2.5 Lade- und Entladevorgänge bei Einweg- und Zweiweg-Gleichrichtung

gleichrichtung die Frequenz immer $f_N = 50$ Hz bei Einweggleichrichtung und $f_N = 100$ Hz bei Zweiweggleichrichtung beträgt, braucht man nur noch den Wert des Laststromes I_L berücksichtigen. Je größer der Laststrom, um so größer muß die Kapazität des Kondensators gemacht werden, um den gleichen Glättungsfaktor zu erreichen.

In welchem Maße die Kapazität des Ladekondensators von der Frequenz der zu glättenden Halbwellen und vom Laststrom abhängig ist, zeigt Abb. 2.5.

Bei der Einweggleichrichtung beträgt der Halbwellenabstand $t = 20$ ms. Der Ladekondensator wird daher nur alle 20 ms auf den Spitzenwert der Halbwellen aufgeladen, in den Zwischenzeiten wird er vom Lastwiderstand R_L mit der Zeitkonstante $\tau = C_L \cdot R_L$ entladen. Damit der Kondensator C_L die Spitzenspannung der gleichgerichteten Halbwellen halten kann, muß die Zeitkonstante $\tau = R_L \cdot C_L$ etwa fünfmal größer sein, als der zeitliche Abstand der gleichzurichtenden Halbwellen.

Bei der Einweggleichrichtung wäre dies eine Zeitkonstante von $\tau = 5 \cdot 20$ ms $= 100$ ms.

Die Zweiweg- und die Brückenschaltung haben einen Halbwellenabstand von $\tau = 10$ ms. Entsprechend ist für die Zeitkonstante $R_L \cdot C_L$ nur $\tau = 5 \cdot 10$ ms $= 50$ ms erforderlich.

Geht man davon aus, daß bei den Beispielen der Lastwiderstand gleich groß ist, ergibt sich für das Beispiel $\tau = 50$ ms ein halb so großer Kondensator wie für $\tau = 100$ ms.

Dazu ein Beispiel:

Eine Gleichrichterschaltung soll eine Gleichspannung von $U_{GL} = 30$ V erzeugen. Der Laststrom beträgt $I_L = 0,1$ A. Wie groß muß der Ladekondensator C_L für die Einweg- und die Zweiweggleichrichtung gewählt werden?

Lösung:

Zuerst wird der Lastwiderstand errechnet.

$$R_L = \frac{U_{GL}}{I_L} = \frac{30 \text{ V}}{0,1 \text{ A}} = 300 \ \Omega$$

Über die Formel $\tau = R \cdot C$ wird C_L für beide Schaltungen ausgerechnet.

$$C_L = \frac{\tau}{R_L} = \frac{100 \text{ ms}}{300 \ \Omega} \approx 0,33 \text{ mF} = 330 \ \mu\text{F}$$

$$C_L = \frac{\tau}{R_L} = \frac{50 \text{ ms}}{300 \ \Omega} \approx 0,17 \text{ mF} = 170 \ \mu\text{F}$$

In der Praxis wird der errechnete Kapazitätswert auf den nächstliegenden Normwert auf- bzw. abgerundet.

Bei diesem Beispiel ist davon ausgegangen, daß die geglättete Spitzenspannung der Halbwellen als Gleichspannung zur Verfügung steht. In der Praxis ist dies meistens nicht erforderlich, d. h. eine Restwelligkeit von 5 oder 10 Prozent der Spitzenspannung kann durchaus vorhanden sein. Der Ladekondensator C_L wird um diesen Prozentsatz etwas kleiner. Man setzt daher anstelle von τ = 5 · t nur τ = 3- oder 4 · t ein.

Als Gleichrichter bezeichnet man sowohl Einzeldioden, als auch Zusammenschaltungen von zwei oder vier Dioden in einem Gehäuse zum Aufbau von Mittelpunkt- oder Brückengleichrichter-Schaltungen. Für Gleichrichter wird ein besonderes Bezeichnungssystem verwendet:

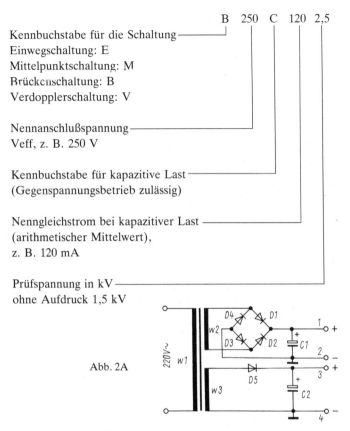

B   250   C   120 2,5

Kennbuchstabe für die Schaltung
Einwegschaltung: E
Mittelpunktschaltung: M
Brückenschaltung: B
Verdopplerschaltung: V

Nennanschlußspannung
Veff, z. B. 250 V

Kennbuchstabe für kapazitive Last
(Gegenspannungsbetrieb zulässig)

Nenngleichstrom bei kapazitiver Last
(arithmetischer Mittelwert),
z. B. 120 mA

Prüfspannung in kV
ohne Aufdruck 1,5 kV

Abb. 2A

Für den Praktiker

Unter dieser Überschrift finden Sie in diesem Buch einen praktischen Schaltungsvorschlag, der sich auf das zuvor behandelte
Thema bezieht und der im Verlauf der Ausführungen durch
weitere Schaltungen ergänzt und ausgebaut wird.

Für die Schaltung nach Abb. 2A sind folgende Bauteile erforderlich:

Kondensatoren	Dioden	
C 1 (Elyt) 1000 μF 70 V	D 1 BAY 18 (ITT)	
C 2 (Elyt) 10 μF 100 V	D 2 BAY 18 (ITT)	
	D 3 BAY 18 (ITT)	oder
	D 4 BAY 18 (ITT)	B 80 C 1200
	D 5 BAY 88 (ITT)	

Transformator
Schnittbandkern SG 54/19 (Vakuum-Schmelze, Hanau)
dazu ein Spulenpaar:
w 1 je Spule 1900 Wdg. 0,12 mm ⌀
w 2 je Spule   300 Wdg. 0,2 mm ⌀
w 3 je Spule   500 Wdg. 0,1 mm ⌀

Zum Selbsttesten

2.1 Zeichnen Sie die Polaritäten der Gleichspannung ein, die Sie an den Widerständen R 1 und R 2, bezogen auf das Bezugspotential, messen würden (Abb. 2B).

2.2 Welche Diode ist in diesem Brückengleichrichter falsch eingezeichnet (*Abb. 2C*)?

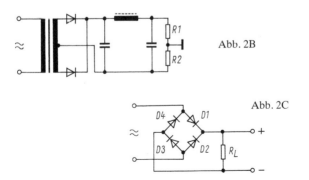

Abb. 2B

Abb. 2C

2.2 Begrenzerschaltung

Bei der Anwendung der Dioden in Begrenzerschaltungen nutzt man die verhältnismäßig konstante Spannung aus, die an einer in Durchlaßrichtung gepolten Diode abfällt.

Betrachten wir dazu folgendes Beispiel anhand von *Abb. 2.6.* Der Widerstand und die in Durchlaßrichtung gepolte Diode liegen in Reihenschaltung an der Spannung U = −10 V. Der Widerstand ist zur Begrenzung des Stromes durch die Diode erforderlich. In diesem Beispiel würde bereits bei einer Spannung von U = 1,2 V ein Strom von 100 mA durch die Diode fließen. Die richtige Größe des Widerstandes ist daher von dem Strom abhängig, der zur Erreichung der Spannung U = 0,8 V erforderlich ist. Dieser Strom läßt sich für den anzuwendenden Diodentyp aus dem Diagramm der Durchlaßkennlinie entnehmen. Für die Diode in diesem Beispiel ergibt sich ein Strom von I_F = 10 mA. Der Widerstand läßt sich dann einfach nach dem Ohmschen Gesetz errechnen:

$$R = \frac{10\ V - 0,8\ V}{10\ mA} = 0,920\ k\Omega = 920\ \Omega$$

In vielen Begrenzerschaltungen – häufig als Schutzschaltung angewendet – will man nicht nur Gleichspannung begrenzen, sondern auch Wechselspannung. Dies erreicht man durch eine aus zwei Dioden bestehende Antiparallelschaltung (*Abb. 2.7*). In dieser Schaltung wird die Begrenzerwirkung für die positive Halbwelle von der Diode D 1 übernommen, für die negative Halbwelle von der Diode D 2.

Abb. 2.6 Begrenzerschaltung

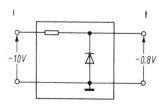

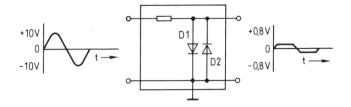

Abb. 2.7 Antiparallelschaltung als Begrenzerschaltung

Wird die Antiparallelschaltung als Schutzschaltung benutzt, z. B. bei Verstärkereingängen, berechnet man die Größe des Begrenzerwiderstandes nach dem maximal zulässigen Durchlaß-strom I_F der Dioden und nach der höchsten zu erwartenden Eingangsspannung.

2.3 Spannungsvervielfachung

Unter diesem Begriff werden Schaltungen verstanden, die aus einer Wechselspannung eine um das Vielfache erhöhte Gleich-spannung erzeugen. Diese Schaltungen werden dort eingesetzt, wo sehr hohe Gleichspannungen bei sehr geringen Strömen benö-tigt werden, z. B. für die Hochspannungsversorgung der Elektro-nenstrahlröhren und Bildwandler. Der Stromverbrauch dieser Bauelemente ist sehr gering und beträgt nicht mehr als 1 mA. Die einfachste Vervielfacherschaltung ist die Einwegschaltung (*Abb. 2.8*), d. h. die Kondensatoren werden bei einer Spannungsperiode nur einmal aufgeladen. Während der ersten Halbperiode wird der Kondensator C 1 über die leitende Diode D 1 auf den Scheitel-wert der Anschlußwechselspannung aufgeladen (Abb. 2.8*a*). Wird der Punkt 3 als Bezugspotential definiert, erreicht Punkt 2 nahezu das Potential 0 V (die Schwellenspannung der Diode D 1

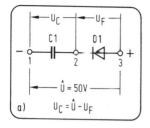
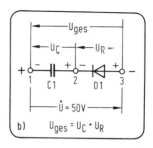

Abb. 2.8 Prinzip der Einweg-Spannungsvervielfachung a) positive Halbwelle b) negative Halbwelle

kann vernachlässigt werden), die Kondensatorplatte an Anschluß 1 erreicht dagegen die Polarität $-U_C = -\hat{U}$. Die positive Halbwelle ändert das Potential der Kondensatorplatte am Punkt 1 von $-\hat{U}$ auf $+\hat{U}$. Die Spannung am Punkt 2 steigt von 0 V auf $+2\,\hat{U}$ (Abb. 2.8b). Es ändern sich nur die Potentiale an C 1, die Ladespannung ändert sich nicht.

Durch die erweiterte Schaltung in *Abb. 2.9a* wird eine verwertbare Spannungsverdopplung erreicht. Der Kondensator C 1 beginnt sich schon während der ersten Halbwelle über die Diode D 2 mit positiver Ladung und über den Innenwiderstand der Spannungsquelle mit negativer Ladung an den Platten des Kondensators C 2 zu entladen.

Abb. 2.9 a) Einweg-Verdopplerschaltung

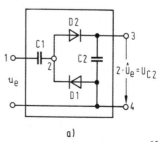

a)

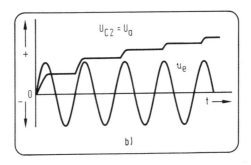

Abb. 2.9b Funktionsdiagramm

Während der ersten Periode erreicht daher der Punkt 2 nicht mehr die Spannung $2 \cdot \hat{U}$. Erst durch mehrere Periodenfolgen steigt die Spannung am Punkt 2 und Punkt 3, bis C 2 voll auf U = $2 \cdot \hat{U}$ (im unbelasteten Zustand) aufgeladen ist. Die Entladung von C 2 auf C 1 wird durch die in Sperrichtung gepolten Dioden D 1 und D 2 verhindert.

Abb. 2.9*b* zeigt die stufenweise Aufladung des Kondensators C 2 nach dem Einschalten der Anschlußspannung. In der ersten Hälfte der negativen Halbwelle ist U_{C2} konstant, denn während dieser Zeit wird C 1 aufgeladen und D 2 ist gesperrt. In der zweiten Hälfte der ersten Halbwelle und der ersten Hälfte der zweiten Halbwelle wird C 2 aufgeladen.

Die Schaltung in Abb. 2.9a wird nicht nur für die Spannungsverdopplung verwendet, sondern als Kaskadenschaltung für die n-fache, in diesem Beispiel für die 4fache Spannungsvervielfachung (*Abb. 2.10*).

Zunächst werden C 1 und C 2 wie zuvor aufgeladen. Durch die erste Halbperiode der zweiten Periode wird C 1 nachgeladen, außerdem legen die leitenden Dioden D 1 und D 3 den Kondensator C 2 parallel zu C 3. Dadurch wird C 3 von C 2 geladen. Die zweite Halbperiode lädt C 2 nach und legt über die leitenden Dioden D 2 und D 4 den Kondensator C 4 parallel zu C 3. Der

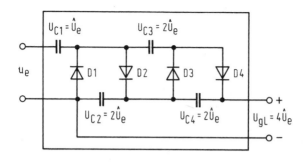

Abb. 2.10 Einweg-Vervielfacher-Schaltung

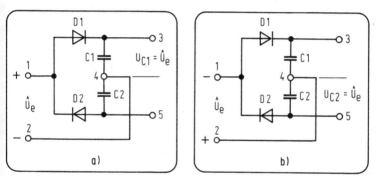

Abb. 2.11 Zweiweg-Verdoppler-Schaltung a) positive Halbwelle b) negative Halbwelle

Kondensator C 4 wird dadurch aufgeladen, während C 3 sich teilweise entlädt. Diese Vorgänge wiederholen sich in den folgenden Perioden, bis sich die Kondensatoren C 2 und C 4 jeweils auf den doppelten Scheitelwert aufgeladen haben.

Die Funktionsweise der Zweiwegvervielfachung soll ebenfalls zunächst an der Verdopplerschaltung (Delon- oder Greinacher-Schaltung) in *Abb. 2.11* verdeutlich werden. Bei dieser Schaltung

65

wird bei jeder Halbperiode ein Kondensator aufgeladen. Die positive Halbwelle in Abb. 2.11*a* erzeugt einen Ladestrom über die Diode D 1 in den Kondensator C 1. Dieser wird so aufgeladen, daß sein Pluspol am Punkt 3 und sein Minuspol am Punkt 4 liegt.

Die negative Halbwelle in Abb. 2.11*b* erzeugt einen Ladestrom für C 2 über die Diode D 2. Der Kondensator hat seine positive Ladung am Punkt 4 und die negative am Punkt 5. Zwischen den Ausgangsklemmen 3 und 5 wird eine Spannung erzeugt, die aus $U_a = U_{C1} + U_{C2} = 2 \cdot \hat{U}_e$ resultiert. Die Dioden D 1 und D 2 müssen als Sperrspannung die doppelte Scheitelwertspannung aufweisen.

Abb. 2.12 zeigt eine Schaltungsanordnung, die eine Zweiwegvervielfachung darstellt und deren Funktionsprinzip der Einwegvervielfachung entspricht.

Abschließend sei noch auf zwei Faustformeln hingewiesen, durch die die Mindestgrößen für Kondensatoren in Gleichrichter- und Vervielfacherschaltungen bestimmt werden können:

Einwegschaltung: $\qquad C = 5 \cdot \dfrac{I_{gl}}{f \cdot U_{gl}}$

Zweiwegschaltung: $\qquad C = 2 \cdot \dfrac{I_{gl}}{f \cdot U_{gl}}$

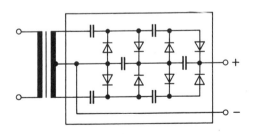

Abb. 2.12 Zweiwegvervielfachung

wobei:

I_{gl} der Gleichstrom am Ausgang der Schaltung in A,

U_{gl} die Gleichspannung am Ausgang der Schaltung in V,

f die Frequenz der gleichzurichtenden Spannung in Hz.

2.4 Verstärkerwirkung des Transistors

Im Abschnitt 1.3 haben wir anhand der Versuchsschaltung Abb. 1.26 festgestellt, daß eine kleine Stromänderung in der Basis eine wesentlich größere Stromänderung im Kollektor verursacht, die durch die steuernde Wirkung des Basisstromkreises auf den Kollektorstromkreis hervorgerufen wird. Dieses Verhalten können wir auch als Verstärkerwirkung bezeichnen, wenn wir die Funktion der beiden Stromkreise außer acht lassen und lediglich Ursache und Wirkung am Transistor als einem Kästchen mit einem Eingang und Ausgang betrachten (*Abb. 2.13*). Der mit 1 bezeichnete Eingang stellt dann für unser Beispiel die Basis als steuernde Elektrode dar, der Ausgang 2 den Kollektor. Die mit 3 bezeichneten Anschlüsse symbolisieren den Emitter als gemeinsame Bezugselektrode für das Eingangs- bzw. Ausgangssignal. Die Pfeilspitze in der Mitte des Kästchens besagt, daß das Signal am Ausgang größer ist als das Signal am Eingang. In unserem Beispiel ist das Signal am Eingang eine Stromänderung von $\Delta I_B = 50\ \mu A$, das am Ausgang als verstärktes Signal mit einer Stromänderung von $\Delta I_C = 20\ mA$ wirksam wird. Das Zeichen Δ (ausge-

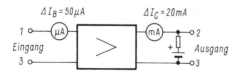

Abb. 2.13 Symbol für Verstärker allgemein

sprochen delta) sagt aus, daß ein Wert, z. B. ΔI_B, sich um den angegebenen Betrag, von z. B. 50 µA, ändert; dabei ist es gleichgültig, ob sich der Strom z. B. von 0...50 µA ändert oder von 30...80 µA. Das gleiche gilt auch für Widerstands- und Spannungsänderungen.

2.5 Grundschaltungen des Transistorverstärkers

Den Transistorverstärker kann man aufgrund seines Aufbaues in drei verschiedenen Verstärkerschaltungen anwenden. Diese drei Grundschaltungen werden immer nach der Elektrode bezeichnet, die direkt mit den Polen der Versorgungsspannung verbunden ist. Die beiden verbleibenden Elektroden bilden dann den Eingangs- bzw. Ausgangsstromkreis. Die Schaltungen werden entsprechend als Emitterschaltung, Kollektorschaltung und Basisschaltung bezeichnet.

Emitterschaltung

Die Emitterschaltung haben wir bereits in den Versuchsschaltungen zur Aufnahme von Kennlinien kennengelernt. Ihre Anwendung als Spannungsverstärker dürfte jedoch weit mehr bekannt sein.

Bei den bisherigen Versuchsschaltungen zur Aufnahme von Kennlinien wurde in allen Emitterschaltungen mit konstanter Kollektorspannung gearbeitet. Der Kollektorstrom wurde bei sich ändernder Basisspannung und gleichbleibender Kollektorspannung gemessen, deshalb durfte im Kollektorkreis kein Widerstand vorhanden sein. Wir erweitern nun die Schaltung und setzen in den Kollektorkreis einen Widerstand ein, wie das in der Praxis bei einem Transistorverstärker der Fall ist. Mit Hilfe der

Versuchsschaltung (*Abb. 2.14a*) soll die neue I_C-I_B-Kennlinie aufgenommen werden. Die in dem Diagramm (Abb. 2.14*b*) bereits vorhandene I_C-I_B-Kennlinie ist mit der Meßschaltung nach Abb. 1.29 aufgenommen und soll jetzt als Vergleich mit der neu aufzunehmenden Kennlinie dienen. An der Basis stellen wir nacheinander mit den Widerständen R_{B1-5} die Basisströme I_B ein.

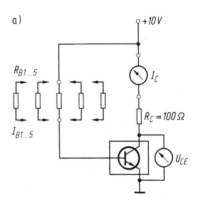

Abb. 2.14 a) Meßschaltung zur Darstellung der
b) dynamischen Steuerkennlinie

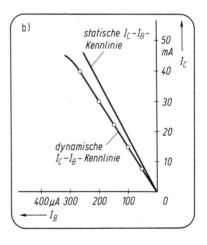

Die dazu gemessenen Basis-Emitter-Spannungen U_{BE} und Kollektorströme I_C werden in den entsprechenden Spalten der *Tabelle 2.1* ergänzt. Die Kollektor-Emitter-Spannung U_{CE} und die Spannung U_R ermitteln wir rechnerisch.

Tabelle 2.1 Spannungs- und Stromwerte beim Aufnehmen einer Kennlinie

U_{BE} in mV	I_B in µA	I_C in mA	U_{CE} in V	U_R in V
700	50	8	9,2	0,8
725	100	15	8,5	1,5
740	150	22	7,8	2,2
750	200	30	7	3,0
760	250	40	6	4

Bei einem Basisstrom von $I_B = 50$ µA wurde ein Kollektorstrom von $I_C = 8$ mA gemessen. Dieser Strom muß nun die Reihenschaltung durchfließen, die aus dem Kollektorwiderstand und dem Innenwiderstand des Transistors besteht. An dem Kollektorwiderstand $R_C = 100$ Ω ergibt sich dadurch bei einer Batteriespannung von $U = 10$ V eine Spannung von:

$$U_R = I_C \cdot R_C = 8 \text{ mA} \cdot 100 \text{ Ω} = 0,8 \text{ V}$$

Am Kollektorwiderstand gehen also 0,8 V verloren. Für die Kollektorspannung U_{CE} verbleibt dann eine Spannung von:

$$U_{CE} = U - U_R = 10 \text{ V} - 0,8 \text{ V} = 9,2 \text{ V}$$

Wird der Kollektorstromkreis von einem Strom von 35 mA durchflossen, dann verbleibt am Kollektorwiderstand eine Spannung von $U_R = 15$ mA $\cdot$ 100 Ω $= 1,5$ V, die Kollektorspannung am Transistor beträgt dann nur noch 10 V $-$ 1,5 V $= 8,5$ V.

Für die restlichen vier Kollektorströme erhalten wir die in der Tabelle angegebenen Werte. Selbstverständlich können diese Spannungswerte auch durch Messungen ermittelt werden. Entsprechend dem Versuchsaufbau in Abb. 2.14a werden die Kollektorspannungen U_{CE} am Meßinstrument abgelesen, die Spannungen für den Kollektorwiderstand resultieren dann aus der Differenz der Batteriespannung und der Kollektorspannung.

Die Auswertung der vollständigen *Tabelle 2.1* läßt wesentliche charakteristische Funktionsmerkmale erkennen:

● Die Spannung U_{CE} am Transistor wird um so kleiner, je größer die Stromstärke I_C im Kollektor ist.

● Die Spannung U_{CE} verhält sich umgekehrt zur Spannung U_{BE}; d. h. wenn die Spannung an der Basis größer wird, sinkt die Kollektorspannung infolge des zunehmenden Kollektorstromes und des dadurch verursachten größeren Spannungsabfalls am Widerstand R_C. Daraus erklärt sich auch die Funktion der Polaritätsumkehr des Ausgangssignales am Kollektor, bezogen auf das Eingangssignal an der Basis.

Anhand der I_C-I_B-Meßwerte aus Tabelle 2.1 werden die einzelnen Meßpunkte in das Diagramm Abb. 2.14b eingezeichnet und zu einer Kurve verbunden, die der gemessenen I_C-I_B-Kennlinie für den Kollektorwiderstand $R_C = 100\ \Omega$ entspricht. Diese Kennlinie bezeichnet man als dynamische I_C-I_B-Kennlinie oder Arbeitskennlinie im Gegensatz zu der im Diagramm dargestellten statischen I_C-I_B-Kennlinie, die ohne Kollektorwiderstand, also mit konstanter Kollektorspannung, aufgenommen wurde. Die dynamische Kennlinie gilt nur für einen ganz bestimmten Wert des Kollektorwiderstandes. Ändert man den Kollektorwiderstand, dann ergibt sich eine andere I_C-I_B-Kennlinie.

Die Spannungsaufteilung der Batteriespannung an dem Kollektorwiderstand und dem Transistor läßt sich anhand der ersatzweisen Funktion eines Spannungsteilers vielleicht noch deutlicher erklären: Betrachten wir dazu die Schaltung *Abb. 2.15*. Dort ist

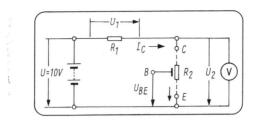

Abb. 2.15 Transitor und Kollektorwiderstand als Reihenschaltung

der Kollektorwiderstand als Widerstand R_1 eingezeichnet, der ersetzte Innenwiderstand der Kollektor-Emitter-Strecke des Transistors als der gestrichelte Widerstand R_2. Konstante Größen sind die Batteriespannung U_{Bat} und der Widerstand R_1, veränderliche Größen der Innenwiderstand der Kollektor-Emitter-Strecke des Transistors, die Spannungen U_1 und U_2 und der Strom I, der durch den Stromkreis fließt. Von der Reihenschaltung wissen wir, daß der Strom I von der Spannung U und dem Gesamtwiderstand abhängig ist. In der Ersatzschaltung wird der Gesamtwiderstand durch R_1 und R_2 bestimmt.

Eine Änderung des Gesamtwiderstandes und damit des Stromes kann nur durch den Widerstand R_2, also durch den Transistor, hervorgerufen werden. Das ist dann der Fall, wenn die Basisspannung bzw. der Basisstrom sich ändern. Zum Beispiel bewirkt eine Erhöhung der Basisspannung in Richtung Kollektorspannung eine Verringerung des Widerstandes R_2, wodurch der Gesamtwiderstand der Reihenschaltung kleiner, der Strom größer wird. Gleichzeitig ergibt sich eine Vergrößerung des Widerstandsverhältnisses R_1/R_2. Da sich an der Reihenschaltung die Teilspannungen U_1 und U_2 wie die dazugehörigen Einzelwiderstände verhalten ($U_1/U_2 = R_1/R_2$), muß die Spannung U_2 kleiner, die Spannung U_1 entsprechend größer werden. Eine Veränderung der Basisspannung in Richtung Emitterpotential (Bezugspotential!), also eine Verringerung derselben, verursacht die entgegengesetzte Funktion.

Betrachten wir abschließend die beiden Extremfälle: Der Innenwiderstand des Transistors wird im ersten Fall $R_2 = 0$, folglich wird $U_2 = 0$ und $U_1 = U$, im zweiten Fall wird $R_2 = \infty$, folglich $U_2 = U$ und $U_1 = 0$. Diese Extremfälle sind in der Praxis bereits dann gegeben, wenn der Innenwiderstand des Transistors im Verhältnis zum Kollektorwiderstand sehr klein ist – Transistor voll durchgesteuert, Größenverhältnis $R_2/R_1 = m\Omega/\Omega$ (*Abb. 2.16a*) – oder im anderen Extrem sehr groß ist – Transistor gesperrt, Größenverhältnis $R_2/R_1 = M\Omega/\Omega$ (Abb. 2.16b).

Bei der bisherigen Betrachtung der Emitterschaltung als Verstärker haben wir die verschiedenen Basisspannungen bzw. -ströme aus einer Batterie gewonnen und dadurch praktisch den Transistor als Gleichspannungs- bzw. Gleichstromverstärker betrieben.

Im weiteren Verlauf dieses Abschnittes wollen wir nun feststellen, wie sich die Emitterschaltung als Wechselspannungsverstärker (z. B. Nf-Verstärker) verhält. Die einfachste Verstärkerstufe sieht in der Regel so aus, wie sie in *Abb. 2.17* dargestellt wird. In dieser Schaltung wurde die Batterie zwischen Basis und Emitter durch den Basiswiderstand R_b ersetzt, der die notwendige Basis-

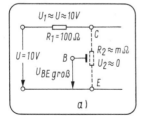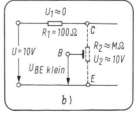

Abb. 2.16 Spannungsaufteilung bei Extremwerten von R2: a) niederohmig, b) hochohmig

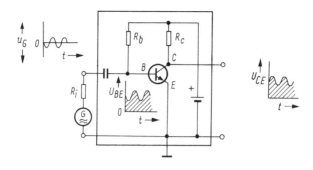

Abb. 2.17 Verstärker in Emitterschaltung

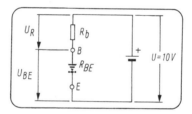

Abb. 2.18 Reihenersatzschaltung von Basiswiderstand und Basis-Emitter-Diode

gleichspannung erzeugt, um den richtigen Arbeitspunkt für die Emitterschaltung als Nf-Verstärker festzulegen.

Bei der überschlägigen Berechnung des Basiswiderstandes R_b muß davon ausgegangen werden, daß der Widerstand eine Reihenschaltung mit der in Durchlaßrichtung geschalteten Basis-Emitter-Diode darstellt (*Abb. 2.18*). Aus der dynamischen I_C/I_B-Kennlinie lassen sich für den mittleren Arbeitspunkt der Basisstrom bzw. die Basisspannung entnehmen, in diesem Beispiel etwa 750 mV (vgl. Tabelle 2.1). Diese Spannung müssen wir von der Batteriespannung abziehen, also:

$$U - U_{BE} = U_R \qquad 10\ V - 0{,}75\ V = 9{,}25\ V$$

Den Basiswiderstand erhält man dann aus dem zu der Basisspannung gehörenden Basisstrom $I_B = 200\ \mu A$ und aus der am Widerstand R_b verbleibenden Spannung U_R. Fassen wir alle Werte in einer Formel zusammen, dann ergibt sich:

$$R_b = \frac{U - U_{BE}}{I_B}$$

Wenn die Batteriespannung nicht kleiner als $U = 10\ V$ ist, braucht man die Basisspannung nicht zu berücksichtigen. Zur Errechnung des Widerstandes ist dann nur der Basisstrom für den mittleren Arbeitspunkt und die Batteriespannung erforderlich:

$$R_b = \frac{U}{I_B}$$

Setzen wir die Werte aus unserem Beispiel in diese Formel, so ergibt sich:

$$R_b = \frac{10\ V}{200\ \mu A} = 0{,}05\ M\Omega = 50\ k\Omega.$$

Außer der richtigen Dimensionierung des Basiswiderstandes ist für die Verstärkerwirkung des Transistors auch die Größe des Kollektorwiderstandes von großer Bedeutung.

Der Kollektorstrom wird bei größeren Widerständen kleiner, wodurch sich auch der Aussteuerbereich verringert. Wird nun die Basis mit einer Signalspannung gleicher Amplitude gesteuert, so hat die Kollektorspannung U_{CE} am Kollektorwiderstand $R_C = 100\ \Omega$ eine kleinere Amplitude als am Kollektorwiderstand $R_C = 1\ k\Omega$. Die Spannungsverstärkung der Emitterschaltung wird also mit zunehmendem Kollektorwiderstand größer. Mit der Veränderung des Kollektorwiderstandes wird aber gleichzeitig der

Arbeitspunkt des Transistors verschoben. Demzufolge muß auch der Basiswiderstand, der von der Größe des Kollektorwiderstandes abhängig ist, neu berechnet werden.

Bei einem Kollektorwiderstand $R_C = 1$ kΩ ergibt sich beim Transistor BC 182 für den mittleren Arbeitspunkt ein Basisstrom von $I_B = 15$ µA. Mit diesem Wert kann der Basiswiderstand berechnet werden:

$$R_b = \frac{10 \text{ V}}{15 \text{ µA}} = 0,666 \text{ M}\Omega \approx 670 \text{ k}\Omega$$

Der erforderliche Basisstrom I_B läßt sich auch durch Berechnung ermitteln. Dazu sind der mittlere Kollektorstrom I_C, der aus dem Kennlinienfeld mit eingezeichneter Widerstandsgeraden R_C zu ersehen ist, und der statische Stromverstärkungsfaktor B (aus den Herstellerdaten zu entnehmen) erforderlich. Der Basisstrom I_B errechnet sich dann nach der Formel:

$$I_B = \frac{I_C}{B}$$

Die Amplitudenänderung der Kollektorspannung ΔU_C läßt sich ebenfalls ermitteln, wenn die Basisstromamplitude ΔI_B und der dynamische Stromverstärkungsfaktor β bekannt sind. Zuerst wird die Stromänderung ΔI_C ausgerechnet:

$$\Delta I_C = \Delta I_B \cdot \beta$$

Bei dieser Formel ist zu beachten, daß die Kollektorstromänderung ΔI_C nie größer sein kann als der maximale Kollektorstrom I_C, der durch den Kollektorwiderstand R_C und die Batteriespannung bestimmt wird. Die Spannungsamplitude ΔU_C ergibt sich dann aus der Formel:

$$\Delta U_C = \Delta I_C \cdot R_C$$

Hier ist zu beachten, daß die Amplitude der Spannungsänderung ΔU_C nicht größer werden kann als die Batteriespannung.

Die Festlegung des Arbeitspunktes erfolgte bisher immer in der Mitte des linearen Teils der dynamischen I_C-I_B-Arbeitskennlinie. Wird eine Verstärkerstufe in diesem Arbeitspunkt betrieben, so bezeichnet man diese Stufe als linearen Verstärker, und die Betriebsart wird als A-Betrieb definiert. Im Gegensatz dazu wird im B-Betrieb der Arbeitspunkt auf Spannungsnull der Arbeitskennlinie gelegt. Die Verstärkerstufe wird praktisch ohne Basisvorspannung betrieben. Im B-Betrieb arbeiten z. B. Gegentakt-Endstufen mit hoher Ausgangsleistung. Beim C-Betrieb liegt der Arbeitspunkt der Basis-Emitter-Diode im Sperrbereich (beim npn-Transistor als negative Basisspannung). Von der Eingangsspannung werden dann nur die positiven Amplitudenspitzen verstärkt.

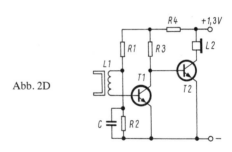

Abb. 2D

Für den Praktiker

Die Schaltung (*Abb. 2D*) zeigt einen Telefonadapter, der sein Eingangssignal dem Streufluß eines im Telefonapparat eingebauten Übertragers entnimmt. Als Abnehmer wird eine Spule mit einem U-förmigen Eisenkern verwendet. Die in der Spule induzierte Spannung wird in zwei galvanisch gekoppelten Emitterstufen soweit verstärkt, daß die Lautstärke etwa der eines normalen Telefonhörers entspricht. Zur Stromversorgung reicht eine Nikkel-Kadmium-Knopfzelle vom Durchmesser eines Pfennigstückes für eine Betriebsdauer von mehreren Stunden aus. Durch die

Verwendung der Pico-Transistoren kann der Verstärker so klein aufgebaut werden, daß er mit einem Gummisauger an einer geeigneten Stelle des Telefonapparates angebracht werden kann.

Bauteile

C 1 Elektrolytkondensator 5 µF
L 1 Spule mit U-förmigem Eisenkern; 5 mm × 5 mm, 15 mm Schenkellänge
Induktivität etwa 180 mH, 2000 Wdg., 0,08 mm CuL
L 2 Kleinlautsprecher oder Kopfhörer; Impedanz etwa 60 Ω
R 1 33 kΩ, 0,25 W, 10 %
R 2 100 kΩ, 0,25 W, 10 %
R 3 1 kΩ, 0,25 W, 10 %
R 4 2,2 kΩ, 0,25 W, ±10 %
T 1 BFY 23
T 2 BFY 22

Zum Selbsttesten

2.3 Um eine lineare Verstärkung der Transistorstufe zu erreichen, muß der Arbeitspunkt festgelegt werden:
● nahe dem Sperrbereich
● irgendwo auf der Arbeitskennlinie
● in der Mitte zwischen Sperr- und Sättigungsbereich
● nahe dem Sättigungsbereich

2.4 Welche Wirkung verursacht ein positives Signal, das auf die Basis einer npn-Verstärkerstufe in Emitterschaltung gegeben wird?

● der Basisstrom sinkt
● der Basisstrom steigt
● die Kollektorspannung sinkt

- der Kollektorstrom sinkt
- der Emitterstrom sinkt

Kollektorschaltung

Die Kollektorschaltung *Abb. 2.19* ist weit mehr unter dem Namen Emitterfolger oder Impedanzwandler bekannt. Die Bezeichnung Impedanzwandler beruht auf der Tatsache, daß mit der Kollektorschaltung ein sehr niedriger Ausgangsscheinwiderstand Z_2 und ein sehr hoher Eingangsscheinwiderstand Z_1 erreicht wird. Woher diese Eigenschaft kommt, soll im folgenden näher untersucht werden. Die Darstellung der zur Stromversorgung erforderlichen Batterie lassen wir der besseren Übersicht wegen in Abb. 2.19 weg. Ihr Vorhandensein wird nur noch durch die Polaritätssymbole + und − gekennzeichnet.

Daß mit der Kollektorschaltung die kleinsten Ausgangswiderstände erreicht werden, hat seine Ursache in der Funktion des Transistors. Von den früheren Versuchsschaltungen ist bekannt, daß der größte Strom durch den Emitter des Transistors fließt: $I_E = I_C + I_B$. Dementsprechend muß der Emitter eine etwas größere Leitfähigkeit aufweisen als die Basis und der Kollektor. Folglich ist für einen Lastwiderstand der Emitter die Elektrode mit dem kleinsten Innenwiderstand. Von besonderer Bedeutung ist der Emitterwiderstand R_e, der praktisch eine Reihenschaltung mit

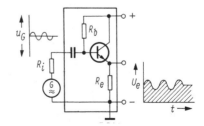

Abb. 2.19 Kollektorschaltung

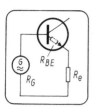

Abb. 2.20 Reihenersatzschaltung von RBE und Re

dem Basis-Emitterwiderstand R_{BE} bildet (*Abb. 2.20*) und der wesentlichen Einfluß auf den Eingangsscheinwiderstand Z_{1c} der Kollektorschaltung ausübt. Wir wissen, daß zur Änderung des Basisstromes eine Spannungsänderung erforderlich ist; eine Stromänderung von z. B. 50...100 µA erfordert eine Spannungsänderung von 700...725 mV. Daraus ergibt sich der Wert für den Widerstand

$$R_{BE} \approx \frac{\Delta U}{\Delta I} = \frac{25 \text{ mV}}{50 \text{ µA}} = 0,5 \text{ k}\Omega$$

der in der Emitterschaltung gleichzeitig den Eingangsscheinwiderstand Z_{1e} für das Signal darstellt. Der Wert des Eingangsscheinwiderstandes Z_{1c} ergibt sich näherungsweise, wenn R_e in kΩ (für unser Beispiel $R_e = 1$ kΩ) mit dem mittleren Gleichstromverstärkungsfaktor B multipliziert und diesem Produkt der Basis-Emitterwiderstand R_{BE} hinzugezählt wird. Für den Transistor BC 182 muß entsprechend der Angabe im Datenbuch des Herstellers für B = 100 eingesetzt werden. Der Eingangsscheinwiderstand Z_{1c} errechnet sich dann aus der Formel:

$$(B \cdot R_e) + R_{BE} \approx Z_{1c}$$

in Werten: (100 · 1 kΩ) + 0,5 kΩ = 100,5 kΩ.

Daraus ist zu ersehen, daß der Basis-Emitterwiderstand R_{BE} vernachlässigt werden kann, wenn er dem Emitterwiderstand R_e

gegenüber sehr klein ist. Der Ausgangsscheinwiderstand Z_{2c} der Schaltung ergibt sich annähernd, wenn die Summe aus dem Innenwiderstand R_G des Signalgenerators und dem Eingangsscheinwiderstand $Z_{1e} \approx R_{BE}$ durch den mittleren Gleichstromverstärkungsfaktor B dividiert wird:

$$\frac{Z_{1e} + R_G}{B} = Z_{2c}$$

Der Stromverstärkungsfaktor der Kollektorschaltung für Gleich- und Wechselstrom entspricht dem Stromverstärkungsfaktor der Emitterschaltung plus 1:

$$B_c = B_e + 1$$

Das ist leicht einzusehen, wenn man berücksichtigt, daß der Emitterstrom I_E immer um den Betrag des Basisstromes I_B größer sein muß als der Kollektorstrom I_C. Die Gegenüberstellung der folgenden Gleichungen soll das noch einmal verdeutlichen:
Dynamischer Stromverstärkungsfaktor β_e für die Emitterschaltung

$$\beta_e = \frac{\Delta I_C}{\Delta I_B} = \frac{i_C}{i_B}$$

Dynamischer Stromverstärkungsfaktor β_c für die Kollektorschaltung

$$\beta_c = \frac{\Delta I_C + \Delta I_B}{\Delta I_B} = \frac{\Delta I_E}{\Delta I_B} = \frac{i_E}{i_B}$$

Außer dem Verhältnis $Z_{1e} : Z_{2e}$ und dem Stromverstärkungsfaktor der Kollektorschaltung ist auch die Spannungsverstärkung von Bedeutung. Die Ausgangsspannung der Kollektorschaltung ist immer kleiner als die Eingangsspannung, unabhängig davon, ob es sich um Gleich- oder Wechselspannung handelt; mathematisch formuliert $U_A/U_E = < 1$. Dieses Verhalten läßt sich aus den uns bereits bekannten Funktionsmerkmalen des Transistors erklären.

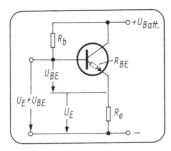

Abb. 2.21 Spannungen an der Kollektorschaltung

Die Größe des Stromflusses vom Emitter zum Kollektor ist von der Spannung U_{BE} abhängig. Wenn jetzt, wie bei der Kollektorschaltung, ein Widerstand in der Emitterzuleitung liegt, entsteht an diesem Widerstand ein Spannungspotential, das durch den Widerstand R_e und den Emitterstrom I_E bestimmt ist: $U_E = I_E \cdot R_e$. Setzen wir für $R_e = 50\ \Omega$ und für $I_E = 20\ mA$ ein, so ergibt sich für die Spannung ein Wert von $U_E = 50\ \Omega \cdot 20\ mA = 1\ V$. Für die Spannung U_{BE} ergeben sich etwa 0,7 V. Der Arbeitspunkt der Basis hat folglich eine Gesamtspannung, die aus der Summe der Teilspannungen resultiert: $U_E + U_{BE} = 1\ V + 0,7\ V = 1,7\ V$ (*Abb. 2.21*). Die Spannung am Emitter wird deshalb immer um den Betrag der Spannung U_{BE} kleiner sein als die Basisspannung, unabhängig davon, wie groß der Emitterwiderstand R_e ist.

Eine Spannungsänderung an der Basis der Kollektorschaltung verursacht auch eine gleichphasige Spannungsänderung am Emitter. Verringert man z. B. die Basisspannung um 100 mV, so hat das einen kleineren Emitterstrom zur Folge, und dementsprechend wird die Spannung am Emitterwiderstand R_e kleiner.

Bei der Dimensionierung des Basiswiderstandes R_b für die Kollektorschaltung muß die Spannung U_E berücksichtigt werden. Zur Berechnung des Widerstandes muß deshalb die Formel 8 erweitert werden:

$$R_b = \frac{U_{Batt} - (U_{BE} + U_E)}{I_B}$$

In der Praxis verwendet man diese Kollektorschaltung aufgrund ihrer Eigenschaften überall dort, wo hochohmige Signale an einen verhältnismäßig niederohmigen Eingang angepaßt werden müssen (Impedanzwandler). Vorzugsweise findet sie Verwendung in mehrstufigen Verstärkern als Eingangsstufe, Ausgangsstufe oder innerhalb eines mehrstufigen gleichspannungsgekoppelten Verstärkers als Entkopplungsstufe.

Zum Selbsttesten

2.5 Wie wirkt sich eine Vergrößerung des Kollektorwiderstandes R_C auf die Spannungsverstärkung der Emitterschaltung aus?
● Die Spannungsverstärkung wird größer
● Die Stromverstärkung wird größer
● Die Spannungsverstärkung wird kleiner
● Die Spannungsverstärkung ändert sich nicht

2.6 Weshalb ist die Stromverstärkung der Kollektorschaltung größer als die der Emitterschaltung?
● Der Eingangswiderstand der Emitterschaltung ist größer
● Durch den Emitter fließen der Kollektor- und der Basisstrom
● Der Emitterwiderstand ist immer kleiner als der Kollektorwiderstand

Basisschaltung

Bei der Basisschaltung (*Abb. 2.22*) ist die Basis das gemeinsame Bezugspotential für die Emitterelektrode als Eingang und für die Kollektorelektrode als Ausgang. Verglichen mit den anderen Schaltungen, erfordert die Aussteuerung der Basisschaltung den

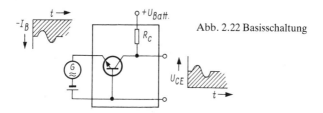

Abb. 2.22 Basisschaltung

größten Steuerstrom, da im Emitter die Summe von Kollektor-strom und Basisstrom wirksam wird. Dementsprechend muß eine Stromänderung ΔI_E im Emitter der Basisschaltung eine Stromän-derung ΔI_C im Kollektor verursachen, die um den Wert des Basisstromes ΔI_B geringer ist. Die Stromverstärkung ist daher in der Basisschaltung < 1. Die Emitter-Basis-Diode ist auch bei dieser Schaltung in Durchlaßrichtung gepolt, also leitend, so daß der Eingangsscheinwiderstand Z_{1b} sehr klein ist. Da die Basis am Bezugspotential liegt, muß die für den Emitter erforderliche negative Emitterspannung beim npn-Transistor zur Festlegung des Arbeitspunktes durch eine separate Spannungsquelle erzeugt werden. Sie kann nicht, wie bei den Emitter- und Kollektorschal-tungen, über einen Widerstand vom positiven Pol der Spannungs-quelle, die am Kollektorwiderstand anliegt, abgenommen wer-den, da hierdurch die Emitter-Basis-Diode gesperrt würde. Ent-sprechend muß die Emitterspannung beim pnp-Transistor posi-tive Polarität aufweisen.

Der Ausgangsscheinwiderstand Z_{2b} der Basisschaltung, also der Kollektor-Basis-Widerstand, ist sehr groß (Kollektor-Basis-Diode ist in Sperrichtung gepolt), deshalb kann auch der Kollek-torwiderstand R_C groß gewählt werden. Nehmen wir an, daß die Stromänderung im Kollektor genauso groß ist wie im Emitter (I_B kann vernachlässigt werden), dann wird an dem hochohmigen Widerstand R_C eine wesentlich größere Spannungsänderung her-vorgerufen ($\Delta U = \Delta I_C \cdot R_C$), als es die gleiche Stromänderung im niederohmigen Emitter erfordert. Dadurch ergibt sich bei einem

kleinen Wechselspannungssignal am Eingang eine wesentlich größere Wechselspannungsamplitude am Ausgang der Basisschaltung.

Die Wechselspannungsverstärkung, die mit jedem Röhren-
oder Transistorvoltmeter bestimmt werden kann, ist bei der
Basisschaltung gleichfalls durch das Verhältnis der Ausgangswechselspannung zur Eingangswechselspannung gegeben.

Bei der Ermittlung der Ausgangswechselspannung u_C muß
beachtet werden, daß der Kollektorinnenwiderstand R_{iC} des
Transistors und der Kollektorwiderstand R_C für Wechselspannungen eine Parallelschaltung bilden; die Gleichstromquelle ist in
diesem Fall als große Kapazität mit sehr kleinem Wechselspan-
nungsinnenwiderstand zu betrachten. In den meisten Schaltungen
ist aber der Kollektorinnenwiderstand R_{iC} im Verhältnis zum
Kollektorwiderstand R_C sehr groß, besonders bei der Basisschaltung, so daß der gesamte Ausgangsscheinwiderstand Z_2 vom
Kollektorwiderstand R_C bestimmt wird und daher R_{iC} vernachlässigt werden kann. In der Praxis ist in vielen Fällen, vor allem im
Service, eine Überschlagsrechnung in der hier aufgezeigten Form
ausreichend. Die exakte Berechnung der Kollektorwechselspannung ist ziemlich umfangreich und nicht einfach, so daß im
Rahmen dieses Buches nicht darauf eingegangen wird.

Die Basisschaltung wird vorwiegend in der HF-Technik als HF-
oder ZF-Verstärker angewendet. Ihr Einsatz in der NF-Verstär-
kertechnik ist aufgrund ihres geringen Eingangswiderstandes
nicht sinnvoll.

2.6 Mehrstufige Grundschaltungen

Unter mehrstufigen Grundschaltungen versteht man hier nicht
Verstärkerketten, die nur eine Aneinanderreihung von Transi-
storgrundschaltungen darstellen, sondern Verstärkerschaltungen
(z. B. die Differenzverstärkerstufe und die Darlingtonstufe), die

aufgrund ihrer elektrischen Eigenschaften als Standardschaltungen in allen Anwendungsgebieten der Verstärkertechnik verwendet werden.

Differenzverstärker

Die Differenzverstärkerstufe, wie sie in *Abb. 2.23a* dargestellt ist, besteht in ihrem Schaltungsprinzip aus zwei in Emitterschaltung aufgebauten Transistorstufen, die auf einem gemeinsamen Emitterwiderstand arbeiten. Wird der gemeinsame Emitterstrom I_3 durch einen ausreichend großen Emitterwiderstand begrenzt (Konstantstromquelle), dann läßt sich – wie in Abb. 2.23b dargestellt – die Verteilung des Stromes auf die beiden Transistoren durch eine Differenz-Eingangs-Spannung (ein gegen Bezugspotential freies Signal) zwischen den Basisanschlüssen E_1 und E_2 steuern. Als Folge davon wird z. B. der Transistor T 1 leitender und T 2 weniger leitend. Durch die gegensinnige Stromänderung treten an den Kollektorwiderständen $R_{c\,1}$ und $R_{c\,2}$ gleich große,

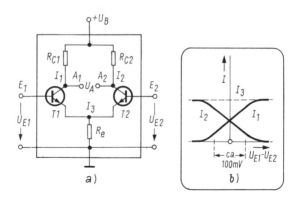

Abb. 2.23 a) Differenzverstärkerstufe b) Steuerung der Basisströme

aber entgegengerichtete Spannungsänderungen auf, die an den Ausgängen A_1 und A_2 als ein gegen das Bezugspotential freies Signal abgenommen werden können. Der lineare Aussteuerungsbereich beträgt etwa 100 mV. Bei gleichen elektrischen Kennwerten der Transistoren (ideale symmetrische Eigenschaften) ist die Spannungsverstärkung ausschließlich durch das Verhältnis von der Ausgangsspannung U_A zur Differenz der beiden Eingangsspannungen $U_{E\,1}$ und $U_{E\,2}$ gegeben:

$$V_u = \frac{U_A}{U_{E\,1} - U_{E\,2}}$$

Auf diese Eigenschaft bezieht sich die Bezeichnung Differenzverstärkerstufe. In der Praxis wird der Differenzverstärker vorwiegend zur Verstärkung von Eingangssignalen mit kleinem Differenz- oder Gegentaktanteil und großem Summen- oder Gleichtaktanteil verwendet, seltener zur Verstärkung von reinen Differenzsignalen.

Nicht nur die Differenz, sondern auch die Summe der Eingangsspannungen (Gleichtaktanteil) $U_{E\,1}$ und $U_{E\,2}$ wirkt sich auf den Verstärker aus. Eine Signalquelle dieser Art tritt z. B. in der Meßwertverarbeitung auf. Hier kann die Aufgabe bestehen, eine kleine Meßspannung (Differenz- oder Gegentaktsignal) zu verstärken, wenn zwischen den Meßleitungen und dem Bezugspotential eine im Verhältnis zur Meßspannung große, z. B. 100fache Störspannung als Gleichtaktsignal vorhanden ist. Diese Störspannung kann vor allem durch lange Erdschleifen bei großer räumlicher Entfernung zwischen Meßwertgeber und Verstärker entstehen. Der Differenzverstärker hat dann die Aufgabe, die Gegentaktspannung zu verstärken und die gleichzeitig vorhandene Gleichtaktspannung möglichst stark zu dämpfen, d. h. eine große Gleichtaktunterdrückung zu erzielen. Unter Berücksichtigung des Gleichtaktsignales und der Gleichtaktunterdrückung berechnet sich dann der Verstärkungsfaktor V_u des Differenzverstärkers nach der Formel:

$$V_u = \cfrac{U_A}{\left[(U_{E1} - U_{E2}) + \cfrac{1}{F} \cdot \cfrac{U_{E1} + U_{E2}}{2}\right]}$$

Die Größe F steht für den Gleichtaktunterdrückungsfaktor. Würden bei einem idealen Differenzverstärker die Eingänge miteinander verbunden und läge zwischen dieser Verbindung und dem Bezugspotential ein Signal an, so würde am Ausgang kein Signal erscheinen. Infolge der durch Exemplarstreuungen bedingten Unsymmetrie der Transistoren wird jedoch immer ein Signal am Ausgang auftreten. Die Gleichtaktunterdrückung ist daher als das Verhältnis von Gleichtaktverstärkung zur Differenzverstärkung definiert:

$$F = \frac{V_G}{V_D} \qquad \begin{array}{l} V_G = \text{Gleichtaktverstärkung} \\ V_D = \text{Differenzverstärkung} \end{array}$$

Beim idealen Differenzverstärker, der ausschließlich auf die Differenz der Eingangssignale reagiert, ist die Gleichtaktunterdrückung unendlich groß. Diese Eigenschaft wird aber auch erzielt, wenn der Emitterstrom I_3 durch einen großen Emitterwiderstand eingeprägt, also konstant gehalten wird.

Der Einfluß des Emitterwiderstandes ist am deutlichsten zu erkennen, wenn die Schaltung des Differenzverstärkers durch die in *Abb. 2.24* dargestellte Widerstandsbrückenschaltung ersetzt wird. In dieser Ersatzschaltung ist R_e der gemeinsame Emitterwiderstand, R_{T1} und R_{T2} stellen die angenommenen Kollektor-Emitter-Übergangswiderstände dar, die für einen Kollektorruhestrom von 1,5 mA gelten. R_{c1} und R_{c2} sind die Kollektorwiderstände. Die Spannungsaufteilung an den einzelnen Widerständen läßt erkennen, daß die Ersatzschaltung der Differenzstufe symmetrisch ist und daher an den Punkten A und B die Spannungswerte – gegen das Bezugspotential gemessen – gleich groß sind, so daß die Spannungsdifferenz von $U_A = A - B = 0$ V beträgt.

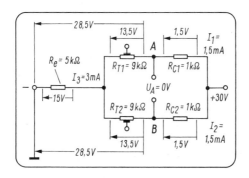

Abb. 2.24 Ersatzschaltung für Differenzverstärker

Im folgenden Beispiel wird der Ersatzwiderstand $R_{T\,1}$ um 1 kΩ verringert. Die dadurch im Stromzweig A bedingte Stromänderung ist so gering, daß sie für die Berechnung der neuen Spannungen vernachlässigt werden kann. Die Spannungsdifferenz am Ausgang beträgt dann etwa $U_A \approx 0{,}17$ V.

In einem weiteren Beispiel wird nun nur noch der Emitterwiderstand R_e auf 1 kΩ herabgesetzt. In diesem Fall ergibt sich eine Spannungsdifferenz am Ausgang von $U_A \approx 0{,}3$ V.

Das letzte Beispiel zeigt, daß der Emitterwiderstand R_e eine Symmetrierung der Aussteuerung verursacht und daß seine Größe erheblichen Einfluß auf die Gleichtaktunterdrückung hat. Eine Stromänderung in nur einem der beiden Transistoren, die durch Änderung der Basis-Emitter-Spannung U_{BE} verursacht wird, hat nicht nur eine Änderung der Kollektorspannung U_c zur Folge, sondern bewirkt auch eine Spannungsänderung am Emitterwiderstand R_e, die sich wiederum durch eine Änderung von U_{BE} am anderen Transistor in entgegengesetzter Richtung auswirkt.

Damit eine große Gleichtaktunterdrückung erzielt wird, sollte der Emitterwiderstand R_e einen möglichst großen Widerstands-

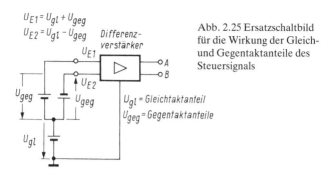

$U_{E1} = U_{gl} + U_{geg}$
$U_{E2} = U_{gl} - U_{geg}$

Differenz-
verstärker

U_{gl} = Gleichtaktanteil
U_{geg} = Gegentaktanteile

Abb. 2.25 Ersatzschaltbild für die Wirkung der Gleich- und Gegentaktanteile des Steuersignals

wert aufweisen. Wie der Vergleich zeigt, verringert aber ein größerer Emitterwiderstand die zu steuernde Spannung zwischen den Emittern und dem Pluspol der Versorgungsspannung, der Verstärkungsfaktor der Differenzstufe wird dadurch kleiner.

Abschließend soll als weiteres Beispiel an den in *Abb. 2.24* und *Abb. 2.25* dargestellten Ersatzschaltungen die Auswirkung einer Gleich- und Gegentaktaussteuerung veranschaulicht werden. Abb. 2.25 zeigt dazu die Einwirkung der beiden Signale auf den Eingang des Differenzverstärkers. Für das Ersatzschaltbild 2.24 wird angenommen, daß der Gleichtaktanteil des Signales die Kollektor-Emitter-Übergangswiderstände R_{T1} und R_{T2} um 6 kΩ, von 9 kΩ auf 3 kΩ, verringert. Dadurch wird der Kollektorstrom I_C in beiden Transistoren auf etwa 2 mA ansteigen und die Kollektorspannungen an den Klemmen A und B auf etwa 27,5 V absinken. Die Spannungsdifferenz zwischen den Klemmen A und B wird nicht verändert und, wie in Abb. 2.24 dargestellt, U_A = 0 V betragen.

Für den Gegentaktteil des Signales wird eine Änderung des Kollektor-Emitter-Übergangswiderstandes von Δ 2 kΩ angenommen. Diese Änderung soll sich entsprechend der Polarität des Signals am Widerstand R_{T1} positiv und am Widerstand R_{T2} negativ auswirken, d. h. daß die Widerstandsänderung 2 kΩ dem

Widerstand $R_{T\,2}$ addiert, vom Widerstand $R_{T\,1}$ subtrahiert werden muß.

Aufgrund der bisher aufgezeigten Beispiele kann als weitere Folgerung angenommen werden, daß die Brückenfunktion der Differenzverstärkerstufe sehr gute Temperatureigenschaften aufweisen muß. Die mit einer einfachen Verstärkerstufe erreichten Driftwerte liegen z. B. bei einem Kollektorstrom von $I_C = 1$ mA und der Temperatur von 25 °C bei etwa $-2,25$ mV pro Grad; d. h. um den Kollektorstrom von $I_C = 1$ mA konstant zu halten, muß die Basis-Emitter-Spannung U_{BE} bei steigender Temperatur pro Grad um 2,25 mV verkleinert werden. Dieser Wert ist sehr groß und kommt daher für driftarme Verstärker nicht in Frage. Für Differenzverstärkerstufen, bei denen zwei Einzeltransistoren in einem Gehäuse untergebracht sind, werden Werte erreicht, die kleiner als 1 µV pro Grad sind.

Komplementärverstärker

Wie der Name der Schaltung aussagt, besteht diese Stufe aus zwei sich ergänzenden Transistoren, aus einem npn-Transistor und einem pnp-Transistor in Kollektorschaltung (*Abb. 2.26a*). Bereits im ersten Abschnitt wurde darauf hingewiesen, daß beim npn-Transistor der positive Pol der Versorgungsspannung am Kollektor und der negative Pol am Emitter angeschlossen werden muß. Beim pnp-Transistor ist die Versorgungsspannung mit umgekehrter Polarität anzuschließen. Diese entgegengesetzten Polaritäten ergeben sich bei der Komplementärstufe aus der Schaltungsanordnung der Transistoren und der Verwendung von zwei Spannungsquellen. Liegt kein Signal am Eingang der Schaltung an und sind beide Stufen symmetrisch, d. h. durch beide Stufen fließt der gleiche Ruhestrom, muß die Spannung am Ausgang $U_A = 0$ V betragen, da sich beide Versorgungsspannungen, gemessen gegen das Bezugspotential, gegeneinander aufheben. Dasselbe gilt für

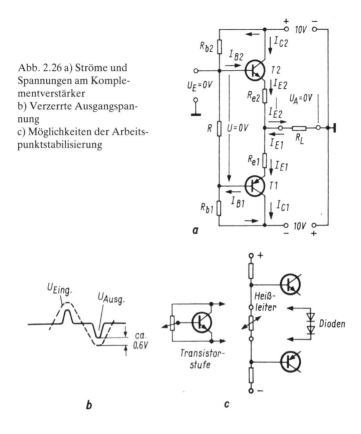

Abb. 2.26 a) Ströme und Spannungen am Komplementverstärker
b) Verzerrte Ausgangspannung
c) Möglichkeiten der Arbeitspunktstabilisierung

die Spannungsdifferenz zwischen den beiden Basen der Transistoren.

Fließt durch beide Basen der gleiche Strom, so müssen die Basisspannungen $U_{B\,1}$ und $U_{B\,2}$, gemessen gegen das Bezugspotential, ebenfalls gleich groß sein. In diesem Fall kann auch kein Strom durch den Widerstand R fließen, der die Verbindung für das Eingangssignal von der Basis des Transistors T 2 zur Basis des

Transistors T 1 herstellt. Ein Signal in Form einer Sinusspannung am Eingang der Schaltung bewirkt, daß die positive Halbwelle die Basisspannung des Transistors T 2 vergrößert. Die Basisspannung des Transistors T 1 wird aber, bedingt durch die entgegengesetzte Polarität, kleiner. Die Folge ist ein geringerer Kollektor-Emitter-Übergangswiderstand des Transistors T 2 und damit ein größerer Strom durch diesen Transistor. Der Übergangswiderstand des Transistors T 1 wird dagegen noch größer, der Strom entsprechend kleiner.

Als Beispiel wird angenommen, daß die Emitterruheströme $I_{E\,1}$ = −2 mA und $I_{E\,2}$ = +2 mA groß sind. Der resultierende Strom im Lastwiderstand R_L ist dann:

$$I_L = I_{E\,2} + (-I_{E\,1}) = 0 \text{ mA}$$

Bei der Spitzenspannung der positiven Halbwelle soll der Emitterstrom $I_{E\,2}$ um 1,5 mA auf 3,5 mA ansteigen, der Emitterstrom $I_{E\,1}$ um den gleichen Betrag auf −0,5 mA absinken. Der Gegenstrom im Lastwiderstand R_L würde sich dann einstellen auf:

$$I_L = 3,5 \text{ mA} + (-0,5 \text{ mA}) = 3 \text{ mA}$$

Dementsprechend wird die Spannung U_A über dem Widerstand, gemessen gegen das Bezugspotential, ebenfalls wie das Eingangssignal eine positive Halbwelle ergeben.

Die Vorgänge bei der negativen Halbwelle der Sinusspannung sind die gleichen wie die der positiven Halbwelle aber mit umgekehrten Vorzeichen: Die Basisspannung des Transistors T 1 wird jetzt größer und die des Transistors T 2 kleiner. Ebenso wird der Emitterstrom $I_{E\,1}$ auf −3,5 mA ansteigen und der Emitterstrom $I_{E\,2}$ auf 0,5 mA absinken. Der Gesamtstrom im Lastwiderstand R_L würde sich dann einstellen auf:

$$I_L = 0,5 \text{ mA} + (-3,5 \text{ mA}) = -3 \text{ mA}$$

Auch in diesem Falle hat die resultierende Ausgangsspannung U_A die gleiche negative Polarität wie die Eingangsspannung U_E. Aufgrund ihrer Wirkungsweise wird die Komplementärstufe auch als Gegentakt-Endstufe dimensioniert. Der Vorteil dieser Stufen besteht darin, daß eine Halbwelle immer nur einen Transistor aussteuert. Daraus ergibt sich ein wesentlich größerer Aussteuerbereich als bei einer einfachen Verstärkerstufe.

Eine Basisvorspannung wäre bei diesen im B-Betrieb arbeitenden Gegentaktstufen eigentlich nicht notwendig. Trotzdem erzeugt man durch die Widerstände $R_{b\,1}$, $R_{b\,2}$ und R eine kleine Vorspannung (für jeden Transistor ca. 0,6 V), die die Basis-Emitter-Schwellenspannungen bei Anwendung von Siliziumtransistoren erzeugen. Ohne diese Basisvorspannungen würde die Ausgangsspannung verzerrt, da die Emitterspannung der Basisspannung des jeweils gesteuerten Transistors erst folgen würde, wenn das Signal an der Basis bereits 0,6 V erreicht hat (Abb. 2.26b). Signale unter 0,6 V werden überhaupt nicht übertragen. Die Gegentakt-Endstufe arbeitet daher nicht mehr im B-Betrieb, sondern im sogenannten AB-Betrieb, weil es sich hier um einen Arbeitspunkt handelt, der zwischen A- und B-Betrieb liegt.

Durch die Basisvorspannungen fließt in den Transistoren ein Ruhestrom, der wie bei den Verstärkerstufen im A-Betrieb stabilisiert werden muß. Dazu kann anstelle des Widerstandes R ein Heißleiter (Abb. 2.26c) eingesetzt werden. Heute werden überwiegend Dioden oder selbststabilisierende Transistorschaltungen angewendet. Dabei ist zu beachten, daß die Transistorschaltung oder die Dioden aus demselben Ausgangsmaterial bestehen müssen, wie die Gegentakttransistoren.

Darlington-Verstärker

Der Darlington-Verstärker (*Abb. 2.27*) ist eine Kaskadenschaltung, die aus mehreren, aber mindestens zwei Transistoren

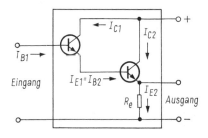

Abb. 2.27 Ströme am Darlington-Verstärker

besteht. Die Kopplung der Stufen erfolgt vom Emitter der einen zur Basis der nächstfolgenden Stufe, die Kollektoren sind direkt miteinander verbunden. Der Darlington-Verstärker arbeitet wie ein Emitterfolger (Kollektorschaltung), seine Funktion ist die gleiche. Deshalb können die kennzeichnenden Eigenschaften der Kollektorschaltung auf die Darlingtonstufe übertragen werden. Die Tatsache, daß die Stromverstärkung eines Transistors in Kollektorschaltung relativ groß ist, läßt darauf schließen, daß diese Eigenschaft beim Darlington-Verstärker durch die größere Anzahl der Transistorstufen noch wesentlich größer sein muß ($\beta_{ges} = \beta_{T\,1} \cdot \beta_{T\,2}$). Hinzu kommt, daß durch die direkte Kopplung zur nächsten Stufe das verstärkte Signal einer Transistorstufe voll zur Aussteuerung der folgenden ausgenutzt wird, und somit kann durch den Darlington-Verstärker die größtmögliche Stromverstärkung überhaupt erreicht werden. *Tabelle 2.2* zeigt den Vergleich der Größen Strom-, Spannungsverstärkung, Eingangs- und Ausgangswiderstand zwischen einer Transistorstufe und einem zweistufigen Darlington-Verstärker des gleichen Transistortyps. Genauso wie der Transistor kann auch der Darlington-Verstärker in den drei Grundschaltungen: Kollektor-, Emitter- und Basisschaltung betrieben werden. *Abb. 2.28* zeigt die Gegenüberstellung der Grundschaltungen.

Tabelle 2.2 Vergleich zwischen Einzeltransistor und Darlington-verstärker

Eigenschaften der Emitterschaltung	Transistor	2stufiger Darlington-Verstärker
Eingangswiderstand	3 kΩ	15 kΩ
Ausgangswiderstand	60 kΩ	5 kΩ
Spannungsverstärker	500fach	6500fach
Stromverstärker	30fach	120fach

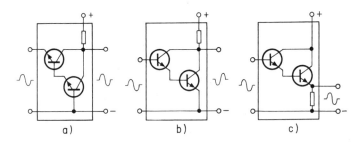

Abb. 2.28 Grundschaltungen des Darlington-Verstärkers: a) Basisschaltung, b) Emitterschaltung, c) Kollektorschaltung

Zum Selbsttesten

2.7 Welche Signale werden durch eine Differenzstufe mit symmetrischem Ausgang verstärkt?
● Symmetrische Gleichtaktsignale
● Symmetrische Gegentaktsignale
● Gegentakt- und Gleichtaktsignale

2.8 Welche Eigenschaften der Differenzstufe werden durch einen erhöhten Wert des Emitterwiderstandes verbessert?
● Die Gleichtaktunterdrückung
● Der Verstärkungsfaktor für Differenzsignale
● Der Ausgangswiderstand
● Die Leistungsverstärkung
● Die Temperaturstabilität

2.9 Welche Verstärkerstufe muß durch eine Phasenumkehrstufe gesteuert werden?
● Eine Verstärkerstufe in Emitterschaltung
● Eine Komplementärverstärkerstufe
● Eine Gegentaktverstärkerstufe
● Eine Verstärkerstufe in Basisschaltung

2.7 Diode und Transistor als Schalter

Von Impulsspannungen und Impulsstrom spricht man dann, wenn eine Gleichspannung kurzzeitig ihren Wert ändert. Hierzu ein Beispiel: In *Abb. 2.29a* ist ein einfacher Stromkreis dargestellt.

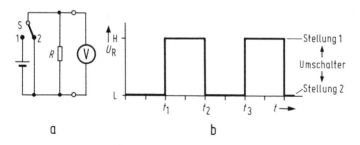

Abb. 2.29 Entstehung von Rechteckimpulsen a) Schaltung
b) Impulsdiagramm

Der Stromkreis wird durch einen Umschalter geöffnet oder geschlossen. Die Spannung über den Widerstand wird gemessen.

Wenn der Stromkreis geöffnet ist (Umschalter in Stellung 2) wird am Widerstand keine Spannung gemessen, wie dies in Abb. 2.29b in der Zeiteinheit t_1 dargestellt ist. Bei geschlossenem Stromkreis (Schalter in Stellung 1) wird die volle Batteriespannung gemessen (vgl. Zeitabschnitt t_2 in Abb. 2.29b). Wird der Schalter wieder in Stellung 2 zurückgeschaltet, zeigt das Meßinstrument 0 V an (dritter Zeitabschnitt in Abb. 2.29b). Dieser Versuch zeigt, daß man mit Hilfe eines Schalters zwei Zustände in einem Stromkreis erhalten kann: „Spannung vorhanden" oder „Spannung nicht vorhanden". Entsprechend einer internationalen Vereinbarung bezeichnet man die beiden Pegelzustände mit L (low) oder H (high). Der Spannungsverlauf in diesem Beispiel hat die Form eines Rechteckes, daher wird dieser einmalige Vorgang als Rechteckimpuls bezeichnet. Wiederholt sich dieser Vorgang in regelmäßigen Zeitabständen, spricht man von einer Impulsfolge.

Diode als Schalter

In der Digitaltechnik wird die Diode aufgrund ihrer Richtwirkung für gepolte Spannungen als Schalter angewendet. In *Abb. 2.30* ist die Reihenschaltung einer Diode mit einem Widerstand dargestellt. Am Eingang ist eine rechteckförmige Spannung angeschlossen.

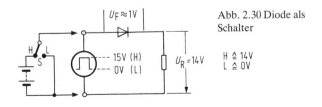

Abb. 2.30 Diode als Schalter

H $\triangleq$ 14 V
L $\triangleq$ 0 V

Den Ausgang stellt der Widerstand dar, an dem die Spannung gemessen wird. Der Rechteckimpuls erzeugt eine Spannung, die mit einer Frequenz f = 1 Hz zwischen den Werten 0 V und 15 V geschaltet wird. Den gleichen Effekt würde man mit einem Umschalter erzielen, der im 1-s-Takt (1 Hz) an eine Gleichspannungsquelle 0,5 s angeschlossen und 0,5 s wieder abgeschaltet wird. Ist der Rechteckimpuls am Eingang wirksam, dann ist die Diode leitend, so daß sich die Spannung von 15 V entsprechend aufteilt, ca. 1 V Schwellenspannung über der Diode und 14 V am Widerstand. Wenn die Spannung abgeschaltet wird (0 V am Eingang), kann auch keine Spannung am Widerstand abfallen.

Transistor als Schalter

Ein Transistor übt eine Schalterfunktion aus, wenn er nur zwischen den möglichen Grenzfunktionen „leitend" oder „nichtleitend" betrieben wird. Ein Schalttransistor arbeitet daher zwischen Kollektor und Emitter wie ein Kontakt. Die in *Abb. 2.31a* dargestellte Transistorstufe in Emitterschaltung kann durch den Umschalter an der Basis abwechselnd an U = +15 V (Pegel H) und U = 0 V (Pegel L) angeschaltet werden.

In der Stellung 0 V ≙ L ist der Transistor nichtleitend. Da kein Basisstrom fließt, kann auch kein Kollektorstrom fließen ($I_c = 0$). Am Kollektor liegt dadurch die Batteriespannung U_{CE} = 15 V.

Wird der Schalter in die Stellung 15 V ≙ H geschaltet, dann ist der Transistor leitend. Es fließt ein Kollektorstrom, der nur durch den Kollektorwiderstand R_C und die Batteriespannung begrenzt und daher auch bestimmt wird:

$$I_C = \frac{U_{Batt}}{R_C}$$

Die Kollektor-Emitterspannung beträgt jetzt nur noch wenige Millivolt. Man bezeichnet diese Spannung als Sättigungsspannung

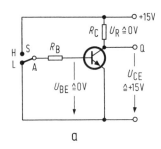
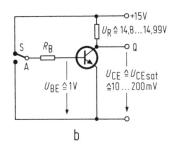

Abb. 2.31 Transistor als Schalter: a)
L-Pegel am Eingang b) H-Pegel am
Eingang c) Symbol

$U_{CE\ satt}$. Die Sättigungsspannung ist vom Transistortyp abhängig
und kann zwischen 10 mV und 200 mV betragen. Diese Spannungswerte zeigen, daß bei voll durchgeschaltetem Transistor die
Basis-Emitter-Spannung U_{BE} höher liegt (ca. 1 V) als die Kollek-
tor-Emitter-Sättigungsspannung $U_{CE\ satt}$ (Abb. 2.31b). Die Spannungswerte für die beiden Schaltzustände sind in *Tabelle 2.3*
zusammengefaßt.

Tabelle 2.3 Funktion der NICHT-Logik

A	Q
L ≙ 0 V	H ≙ 14,8 V
H ≙ 15 V	L ≙ 0,2 V

Abb. 2.31c zeigt das Symbol für die NICHT-Logik. Die Umkehrfunktion wird durch den Punkt am Ausgang angedeutet. Aus den
Pegelwerten der *Tabelle 2.3* ist ersichtlich, daß die Emitterstufe
eine Umkehrfunktion oder NICHT-Logik für die Eingangsspan-

nung hervorruft. Pegel H bzw. Signal am Eingang bedeutet Pegel L bzw. kein Signal am Ausgang. Dies gilt aber nur für die Spannungspegel.

Bei der Betrachtung der Eingangs-(I_B)- und Ausgangs-(I_C)-ströme ergibt sich allerdings keine Umkehrfunktion, d. h. Signal am Eingang bedeutet auch Signal am Ausgang.

Dies zeigen die Beispiele in *Abb. 2.32a* und 2.32*b*. In der Schalterstufe Abb. 2.32a liegt das Relais parallel zu dem Transistor. Wenn der Transistor nichtleitend ist, Pegel L am Eingang, dann zieht das Relais an, da in diesem Fall der Stromkreis über das Relais und den Kollektorwiderstand geschlossen ist und nicht über den Transistor (T-Schalter geöffnet). Ist der Transistor leitend, Pegel H am Eingang, wirkt der Transistor wie ein geschlossener Schalter für das parallelgeschaltete Relais. Der Stromkreis ist daher über den Transistor und den Kollektorwiderstand geschlossen. Durch das Relais kann kein Strom fließen, weil fast keine Spannung anliegt ($U_{CE\,satt}$!).

Die Dimensionierung des Kollektorwiderstandes ist durch zwei Bedingungen bestimmt:

Im leitenden Zustand des Transistors muß der Widerstand den Kollektorstrom auf $I_{C\,max}$ begrenzen. Im nichtleitenden Zustand

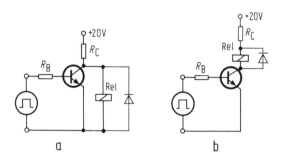

Abb. 2.32 Laststeuerung: a) Spannungssteuerung (Umkehrfunktion)
b) Stromsteuerung (keine Umkehrfunktion)

muß aber auch gewährleistet sein, daß eine ausreichende Spannung für das Relais vorhanden ist.

Beispiel:

$$I_{C\ max} = 100\ mA,\ U_{Batt} = 20\ V,\ R_{Rel.} = 600\ \Omega,\ U_{Rel.} = 12\ V$$

Lösung:

Zuerst wird der Widerstand für den maximalen Kollektorstrom bestimmt. $U_{CE\ satt}$ wird dabei vernachlässigt:

$$R_C = \frac{U_{Batt}}{I_{C\ max}} = \frac{20\ V}{100\ mA} = 0,2\ k\Omega$$

Dieser Widerstandswert darf nicht unterschritten werden. Der Widerstand bildet zusammen mit dem Relaiswiderstand eine Reihenschaltung. Aus dem ermittelten Relaisstrom wird der Widerstand R_C errechnet:

$$I_{Rel.} = \frac{U_{Rel.}}{R_{Rel.}} = \frac{12\ V}{600\ \Omega} = 20\ mA$$

$$R_C = \frac{U_{Batt} - U_{Rel.}}{I_{Rel.}} = \frac{20\ V - 12\ V}{20\ mA} = \frac{8\ V}{20\ mA} = 400\ \Omega$$

Der Widerstand $R_C = 400\ \Omega$ wird in die Schaltung eingesetzt. Mit diesem Widerstandswert sind die Betriebsbedingungen für das Relais gewährleistet und der Kollektorstrom mit $I_C = 50\ mA$ unter dem Wert von $I_{C\ max}$.

In der Schaltung Abb. 2.32b liegt das Relais mit im Kollektorstromkreis des Transistors. In diesem Fall zieht das Relais an (Pegel H), wenn der Transistor leitend ist, entsprechend Pegel H am Eingang.

An der Dimensionierung des Kollektorwiderstandes ändert sich nichts, da im leitenden Zustand des Transistors für das Relais etwa die gleichen Betriebsbedingungen gültig sind.

Liegt das Relais parallel zum Transistor, spricht man von einem spannungsgesteuerten Relais. Die Relaisanordnung in Abb. 2.32b bezeichnet man als stromgesteuertes Relais.

3 Z-Diodenschaltungen

Z-Dioden sind Siliziumdioden, die mit genau definierten Durchbruchspannungen von 2...200 V hergestellt werden. Unterhalb der Durchbruchspannung, also im Sperrbereich, verhält sich eine Z-Diode wie eine normale Siliziumdiode. Zur Unterscheidung von den einfachen Dioden wird die Z-Diode durch das in *Abb. 3.1* dargestellte Schaltzeichen symbolisiert.

Erinnern wir uns nochmal an den Verlauf der Widerstandskennlinie einer Diode im Sperrbereich des Strom-Spannungs-Diagramms (*Abb. 3.2*). Im Bereich der Durchbruchspannung erhöht sich die Spannung an der Diode nur gering, der Strom nimmt sehr stark zu. Anders formuliert: Eine große Stromänderung verursacht nur sehr kleine Spannungsänderungen an der Diode. Dieses Verhalten der Diode im Durchbruchbereich läßt sich im wesentlichen auf die Funktion der Z-Diode übertragen.

Abb. 3.1 Symbol der Z-Diode

Anode ○───▷|───○ Katode

Abb. 3.2 Teil der Diodenkennlinie im Sperrbereich

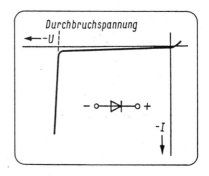

103

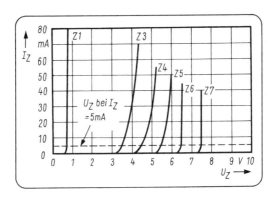

Abb. 3.3 Durchbruchkennlinien verschiedener Z-Dioden

Da man in Schaltungen die Z-Diode ausschließlich im gesperrten Zustand betreibt, wird die Widerstandskennlinie (bei Z-Dioden als Durchbruchkennlinie bezeichnet) im Strom-Spannungs-Diagramm nur für den Sperrbereich dargestellt. *Abb. 3.3* veranschaulicht dieses Diagramm mit einigen darin eingezeichneten Durchbruchkennlinien für Z-Dioden. Diesem Diagramm ist weiter zu entnehmen, daß die elektrischen Kennwerte der Z-Dioden mit anderen Symbolen bezeichnet werden. Der Gleichstrom im Durchbruchgebiet der Z-Diode wird als Strom I_Z bezeichnet, die Spannung als Durchbruchspannung U_Z. Die Höhe dieser Spannung geht aus der Typenbezeichnung hervor. So bedeutet z. B. Z 3, daß die Durchbruchspannung dieser Z-Diode bei $U_Z = 3$ V liegt.

Stabilisierungsschaltungen

Die Z-Diode wird aufgrund ihrer Eigenschaften überwiegend zur Stabilisierung und Begrenzung von Gleichspannungen angewen-

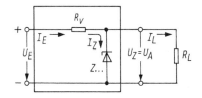

Abb. 3.4 Stabilisierungs-
schaltung mit Z-Diode

det. Anhand des Schaltungsbeispiels in *Abb. 3.4* soll auf die wesentlichsten Merkmale hingewiesen werden, die zur richtigen Dimensionierung der Schaltung erforderlich sind. In der Praxis sind im allgemeinen die zu stabilisierende Eingangsspannung U_E, die Ausgangsspannung U_A und der erforderliche Lastwiderstand R_L bekannt. Zu bestimmen ist dann die Z-Diode, der Regelbereich der Z-Diode, der mittlere Strom I_Z und der Vorwiderstand R_V.

Für die gegebenen Größen setzen wir folgende Werte ein:

$$U_E = 20 \text{ V} \pm 10\%, \ U_A = 5 \text{ V}, \ R_L = 50 \ \Omega$$

Der Laststrom I_L ergibt sich aus der Ausgangsspannung U_A und dem Lastwiderstand R_L:

$$I_L = \frac{U_A}{R_L} = \frac{5 \text{ V}}{50 \ \Omega} = 0,1 \text{ A}$$

Der Typ der Z-Diode ergibt sich aus der Ausgangsspannung $U_A = U_Z$. Für die Z-Diode Z 5 werden vom Hersteller die folgenden technischen Daten angegeben:

Durchbruchspannung $U_Z = 5...6$ V (bei $I_Z = 5$ mA)

(Der Wert 5...6 V besagt, daß alle Z-Dioden dieses Typs in diesem Spannungsbereich liegen müssen. Für dieses Beispiel nehmen wir $U_Z = 5,5$ V an.)

Differentieller Widerstand $r_z = 35\ \Omega$ (bei $I_Z = 5$ mA)

(Der differentielle Widerstand r_z ist der dynamische Innenwiderstand der Z-Diode. Dieser Widerstand gibt über den Stabilisierungsgrad der Z-Diode Aufschluß und errechnet sich aus dem Verhältnis von Spannungsänderung U_Z zur Stromänderung I_Z:

$$r_z = \frac{\Delta U_Z}{\Delta I_Z}$$

Je kleiner dieser Widerstand ist, desto besser stabilisiert die Z-Diode. Der Innenwiderstand in diesem Beispiel wird als konstant für den gesamten Regelbereich angenommen.) Maximaler Strom $I_{Z\ max} = 35$ mA.

Der Regelbereich der Z-Diode ergibt sich aus dem größten Strom $I_{Z\ max}$ und dem Mindeststrom $I_{Z\ min}$. Für $I_{Z\ min}$ setzt man etwa 10 % vom $I_{Z\ max}$ ein. Bei sehr kleinen Strömen ($< I_{Z\ min}$) im Durchbruchgebiet steigt der differentielle Widerstand der Z-Diode stark an, die Stabilisierung wird dementsprechend schlechter.

Für unser Beispiel ergibt sich dadurch ein Regelbereich von 3,5...35 mA und daraus der Strom $I_{Z\ mittel}$ von rund 20 mA.

Der Vorwiderstand R_V errechnet sich dann nach der Formel:

$$R_V = \frac{U_E - U_A}{I_L + I_{Z\ mittel}} = \frac{20\ V - 5,5\ V}{100\ mA + 20\ mA} = \frac{14,5\ V}{120\ mA}$$

$$R_V \approx 0,121\ k\Omega \approx 120\ \Omega$$

Die Stabilisierungseigenschaften der Schaltung werden um so besser, je größer das Verhältnis U_E/U_A wird. Da aber die Verlustleistung im Vorwiderstand R_V schneller ansteigt als dieses Spannungsverhältnis, ist es sinnvoll, um maximale Bedingungen zwischen guter Stabilisierung und nicht zu hoher Verlustleistung zu erreichen, für die Eingangsspannung U_E etwa den zwei- bis vierfachen Wert von U_A zu wählen.

Die Stabilisierungsschaltung besitzt außer der spannungsstabilisierenden Wirkung auch sehr gute Siebeigenschaften für Mischspannungen. Der Siebwirkungsgrad wird durch das Verhältnis $R_V : r_z$ bestimmt. Die besten Ergebnisse werden hierbei mit den Z-Dioden erreicht, deren Spannung U_Z zwischen 6 und 8 V liegt. Die Z-Dioden haben in diesem Bereich differentielle Widerstände von 3...7 Ω.

In ihrer Wirkung kann die Z-Diode mit einem Siebkondensator verglichen werden. Die angenommene „Kapazität" der Z-Diode errechnet sich wie die Kapazität des Kondensators aus dem Blindwiderstand X_C:

$$C_Z = \frac{1}{\omega \cdot r_z}$$

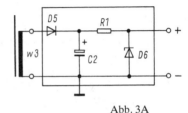

Abb. 3A

Für den Praktiker

(*Abb. 3A*) *Bauteile:*
D 6   Z-Diode Z 33
R 1   Widerstand 15 kΩ ±10 % 0,5 W

Zum Selbsttesten

3.1 Wie groß ist an den Schaltungen in Abb. 3*B* die jeweilige stabilisierte Ausgangsspannung?
$U_{A1} = \ldots, U_{A2} = \ldots$

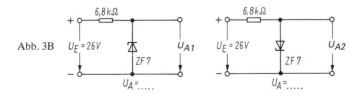

Abb. 3B

4 Thyristorschaltungen

4.1 Thyristorfunktion

Der Thyristor ist ein Halbleiterbauelement, das man aufgrund seiner Funktion als gesteuerten Gleichrichter vorwiegend zum Schalten großer Leistungen anwendet.

Wie in *Abb. 4.1* dargestellt, besteht der Thyristor aus vier Silizium-Halbleiterblöcken, die abwechselnd p- oder n-leitend sind. Daraus resultieren drei Grenzschichten. Der äußerste p-Block wird wie bei der Diode mit „Anode" bezeichnet, der äußerste n-Block bildet die „Katode". Der dritte, an dem zweiten p-Block kontaktierte Anschluß bildet die Steuerelektrode, die man aufgrund einer internationalen Festlegung auch als „Gate" bezeichnet.

Wie eine Diode, so wird auch ein Thyristor mit den Anschlüssen „Anode" und „Katode" in den zu steuernden Stromkreis gelegt. Der Pluspol der Spannungsquelle liegt an der Anode, der Minuspol an der Katode. Die Aufnahme der Kennlinie eines Thyristors kann mit dem gleichen Versuchsaufbau, wie für die Diode beschrieben (Abb. 1.14), durchgeführt werden.

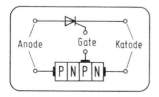

Abb. 4.1 Aufbau und Symbol des Thyristors

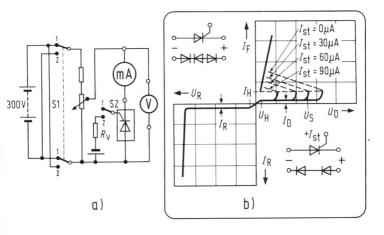

Abb. 4.2 a) Meßschaltung, b) Kennlinie des Thyristors

Wird zuerst der Thyristor in Sperrichtung betrieben (vgl. *Abb. 4.2a*, Stellung 1 des Schalters S 1), dann kann mit Ausnahme eines kleinen Sperrstromes I_R kein Strom fließen, der Thyristor ist nichtleitend (vgl. Abb. 4.2*b*). In der Stellung 2 des Schalters S 1 ist der Thyristor in Durchlaßrichtung geschaltet. Eine Erhöhung der Spannung durch das Potentiometer zeigt in Abb. 4.2b, daß die Kennlinie in Durchlaßrichtung den gleichen Verlauf hat, wie die Kennlinie in Sperrichtung des Thyristors. Erst wenn der Schalter S 2 in die Stellung 2 gebracht wird und dadurch eine Spannung von +1,5 V an den Vorwiderstand R_V der Steuerelektrode anliegt, wird der Thyristor leitend. Die Spannung zwischen Anode und Katode geht zum gleichen Zeitpunkt von der vollen Sperrspannung auf eine Schwellspannung von ca. 1,5 V zurück.

Wenn über die Gate-Katode-Diode ein Steuerstrom fließt, wird die mittlere Sperrschicht durch die neu hinzukommenden positiven Ladungsträger im p-Block abgebaut. Die in Sperrichtung gepolte mittlere Diode wird somit wirkungslos, so daß nur noch die Reihenschaltung von den zwei äußeren in Durchlaßrichtung gepolten Dioden vorliegt. An dem Dioden-Funktionsbild kann man auch erkennen, daß in Sperrichtung des Thyristors die beiden äußeren Dioden nichtleitend sind.

Es fließt jetzt ein Strom, der nur noch durch den Anodenwiderstand R_A und die anliegende Spannung bestimmt wird. Dieser Zustand bleibt erhalten, auch wenn der Schalter S 2 in die Stellung 1 zurückgeschaltet wird. Wird anschließend die Anoden-Katodenspannung stetig verringert, ändert sich lediglich der Anodenstrom, d. h. er nimmt ab. Erst wenn der Haltestrom I_H unterschritten wird (z. B. 3 mA bei dem Typ BRX 45), schaltet der Thyristor vom leitenden Zustand in den Sperrzustand zurück. In diesem Bereich bleibt auch die Steuer- bzw. Gateelektrode ohne Wirkung, ein Anschalten der positiven Spannung durch S 2 ändert nichts an dem gesperrten Zustand des Thyristors. Der Thyristor kann erst wieder über die Gateelektrode in den leitenden Zustand geschaltet werden, wenn die anliegende Anoden-Katoden-Spannung höher ist als die Haltespannung U_H, und wenn beim Durchschalten mindestens ein Anodenstrom fließt, der höher als der Haltestrom I_H ist.

Aus dem Kennliniendiagramm ist weiterhin zu ersehen, daß als Grenzwerte für die anliegende Spannung in beiden Richtungen die positive (U_D) und die negative (U_R) Spitzensperrspannung nicht überschritten werden dürfen (65 V bei BRX 45).

Die Schaltkennlinien in Abb. 4.2b zeigen, daß die Schaltspannung U_D zwischen Anode und Katode vom Steuerstrom der Gateelektrode abhängig ist. Je größer der Steuerstrom I_{St} ist, um so niedrigere Anoden-Katoden-Spannungen können gesteuert werden.

4.2 Thyristor als Schalter

Liegt ein Thyristor im Stromkreis einer Gleichspannung, wie dies in *Abb. 4.3* dargestellt ist, kann er durch S 2 mit einem positiven Impuls eingeschaltet werden. Der Startimpuls wird bei dieser Schaltung über den Widerstand R_G aus der anliegenden Gleichspannung gewonnen. Dieser Widerstand kann wie der Basiswiderstand eines Transistors errechnet werden, da der Gate-Katoden-Übergang eine in Durchlaßrichtung gepolte Diode darstellt. Abschalten kann man bei einer Gleichspannung den Thyristor an der Steuerelektrode nicht mehr. In diesem Fall müßte man die Gleichspannung mit S 1 abschalten.

Eine Schaltung, mit der man eine Gleichspannung ein- und ausschalten kann, zeigt *Abb. 4.4* (Zerhackerprinzip). Dafür sind aber zwei Thyristoren erforderlich: Thy 1 zum Einschalten und Thy 2 zum Ausschalten. Wenn der Thyristor Thy 1 eingeschaltet

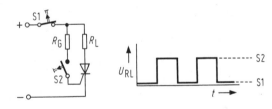

Abb. 4.3 Thyristor als Schalter

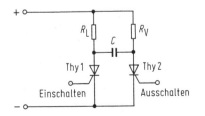

Abb. 4.4 Zerhackerschaltung mit zwei Thyristoren

111

ist, liegen an der Anode ca. 1,5 V an, am Lastwiderstand R_L liegen dann 48,5 V. Wird anschließend der Thyristor Thy 2 eingeschaltet, entsteht am Kondensator C ein negativer Spannungssprung, der an Thy 1 übertragen wird und diesen wieder sperrt, Thyristor Thy 1 kann jetzt erneut eingeschaltet werden.

Wird anstelle einer Gleichspannung eine Wechselspannung (*Abb. 4.5a*) durch einen Thyristor geschaltet, dann ist eine zusätzliche Schaltungsmaßnahme zum Abschalten des Thyristors nicht erforderlich. Bei jedem Nulldurchgang der Wechselspannung (Abb. 4.5*b*) wird der Thyristor abgeschaltet. Er muß nach Wiederkehr der positiven Spannung durch einen erneuten Steuerimpuls eingeschaltet werden. Der Thyristor hat in diesem Fall gleichzeitig die Wirkung eines Einweggleichrichters. Durch zeitliche Verschiebung des Steuerimpulses kann man den Mittelwert der Spannung an dem Lastwiderstand kontinuierlich verändern und somit auch den Verbraucherstrom. Man bezeichnet dies als Anschnittsteuerung.

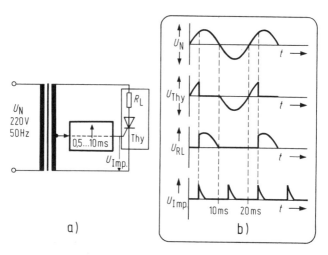

Abb. 4.5 a) Einweg-Anschnittssteuerung, b) Signalformen

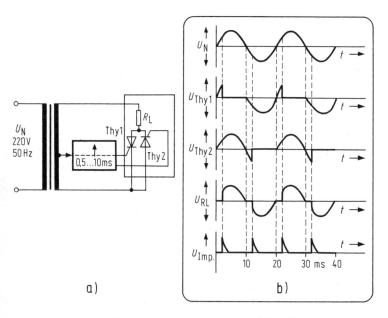

Abb. 4.6 a) Vollweg-Anschnittsteuerung, b) Signalformen

Mit Thyristoren können auch Anschnittsteuerungen aufgebaut werden, die bei der positiven und negativen Halbwelle durch den Lastwiderstand einen Strom fließen lassen. Zu diesem Zweck werden zwei Thyristoren mit entgegengesetzter Polarität parallel geschaltet (*Abb. 4.6a*). Dies entspricht einer Antiparallelschaltung, wie dies am Beispiel der Dioden in *Abb. 4.7* dargestellt wurde.

Damit die positive und negative Halbwelle zum gleichen Zeitpunkt angeschnitten wird (Abb. 4.6*b*), ist es erforderlich, die Steuerimpulse zur gleichen Zeit, d. h. synchron, aber um eine halbe Periode (180°) phasenverschoben, an den Steuerelektroden wirksam werden zu lassen.

4.3 Impuls- und Phasenanschnittsteuerung

Thyristoren können bei Anschnittsteuerung mit Impulsen oder mit Wechselspannung gesteuert werden.

Bei der Impulssteuerung, deren Funktionsprinzip in Abb. 4.3 dargestellt ist, wird der Steuerimpuls durch einen Impulsgenerator erzeugt. Dies kann z. B. ein monostabiler Multivibrator sein. Der Auslöseimpuls für diese Kippstufe wird aus der zu steuernden Wechselspannung entnommen (Abb. 4.5a). Somit ist gewährleistet, daß der Steuerimpuls phasensynchron mit der am gesteuerten Gleichrichter anliegenden Wechselspannung an der Steuerelektrode wirksam wird.

Damit eine kontinuierliche Anschnittsteuerung möglich ist, muß der Steuerimpuls innerhalb der Zeit, in der die positive Halbwelle der Wechselspannung abläuft, einstellbar sein.

Geht man von der Netzwechselspannung aus, die eine Frequenz von 50 Hz hat, dann entspricht dies einer Zeitdauer von T = 20 ms pro Periode. Die positive Halbperiode benötigt dann t = 10 ms. Der Steuerimpuls muß dann von ca. 0,5 ms bis 10 ms einstellbar sein. Bei einer monostabilen Kippstufe wird dies durch Verändern der Zeitkonstante des RC-Koppelgliedes vorgenommen. Die weitgehendst häufigere und einfachere Leistungssteuerung in Wechselstromkreisen ist die Phasenanschnittsteuerung. *Abb. 4A* zeigt als Beispiel die Steuerung einer Glühlampe, die vom dunklen bis zum hell leuchtenden Zustand kontinuierlich eingestellt werden kann.

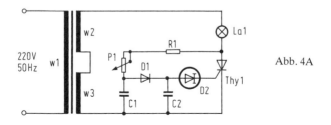

Abb. 4A

114

Das Steuersignal wird bei dieser Schaltung aus einem Phasenschieber gewonnen, der aus der Reihenschaltung von C 1, P 1 und R 1 besteht. Der Phasenschieber erhält die Wechselspannung von der Anode des Thyristors. Mit dem Potentiometer P 1 kann die Phase des Ausgangssignals an der Anode D 1 bis zu 180° gegenüber der Wechselspannung an der Anode des Thyristors verschoben werden.

Die Diode D 1 wirkt als Einweggleichrichter, der Kondensator C 2 als Ladekondensator. An der Vierschichtdiode D 3 wird somit nur die Gleichspannung der positiven Halbwelle der Wechselspannung wirksam. Die Vierschichtdiode schaltet durch, wenn die positive Halbwelle den Kondensator C 2 auf die Schalterspannung U_S aufgeladen hat. Durch den niederohmigen Innenwiderstand der Vierschichtdiode ist der Stromkreis für die Gate-Katoden-Diode des Thyristors geschlossen und es kann ein Steuerstrom fließen, der den Thyristor leitend schaltet. Es fließt ein Strom durch die Lampe La 1. Gleichzeitig wird durch den durchgeschalteten Thyristor die Steuerspannung für den Phasenschieber abgeschaltet, so daß auch die phasenverschobene Ausgangswechselspannung an der Diode D 1 abbricht. Die Vierschichtdiode wird wieder gesperrt, der Steuerstromkreis somit wieder unterbrochen. Der Thyristor bleibt bis zum nächsten Nulldurchgang der positiven Halbwelle leitend, danach schaltet er wieder in den gesperrten Zustand, bis ein erneuter Steuerstrom in der Zeit der positiven Halbwelle den Thyristor einschaltet.

Für den Praktiker

Abb. 4A zeigt einen Schaltungsvorschlag für eine Einweg-Phasenanschnittsteuerung. Der für den Selbstbau vorgeschlagene Transformator nach Abb. 2A wird für die Schaltung in Abb. 4A eingesetzt. Die Wicklungen w 2 und w 3 werden in Reihe geschaltet, so daß sich eine Sekundärspannung von ca. 95 V ergibt.

Bauteile

Dioden
D 1 = BAY 19
D 2 = 4 E 20-8
Lampe 60 W/100 V
Widerstand R 1 = 1 kΩ/0,5 W
Potentiometer P 1 = 1 MΩ; lin.; 0,5 W
Thyristor Thy 1 = BRX 46

Kondensatoren
C 1 =   10 nF (100 V)
C 2 = 100 nF (100 V)

Zum Selbsttesten

4.1 Welche Bedingungen müssen gegeben sein, damit ein Thyristor leitend ist?
● − an der Anode, + am Gate
● + an der Anode, + am Gate
● + an der Anode, − am Gate

4.2 Der Haltestrom I_H darf bei Thyristoren und Vierschichtdioden nicht unterschritten werden, wenn:
● der Thyristor leitend sein soll,
● die Vierschichtdiode leitend sein soll,
● die Vierschichtdiode gesperrt sein soll,
● der Thyristor gesperrt sein soll.

4.3 Welchen Vorteil hat eine thyristorgesteuerte Helligkeitsänderung im Vergleich zu einer Helligkeitssteuerung mit einem Vorwiderstand?
● Die Verlustleistung im Thyristor ist niedriger als im Vorwiderstand.
● Der Widerstand ist teurer.
● Der Energieverbrauch einer Lampensteuerung mit einem Vorwiderstand ist höher.

4.4 Bei einer Einweg-Anschnittsteuerung ist der Steuerimpuls gegenüber der zu steuernden Sinusperiode um 90° phasenverschoben. Welche Leistung wird vom Lastwiderstand R_L erzeugt?

● 25 % der Maximalleistung
● 40 % der Maximalleistung
● 50 % der Maximalleistung
● 70 % der Maximalleistung

5 FET-Schaltungen

Der J-FET (Sperrschicht-Feldeffekttransistor) hat einen Strompfad zwischen den Anschlüssen S (Source) und D (Drain), der als Kanal bezeichnet wird (*Abb. 5.1a*).

Das Ausgangs-Kennlinienfeld I_D = f (U_{DS}) in Abb. 5.1c zeigt die Abhängigkeit des Drainstromes I_D von der Drain-Source-Spannung U_{DS} mit der Gate-Source-Spannung U_{GS} als Parameter an. Der Strom I_D ist durch die Spannung U_{GS} einstellbar (Abb. 5.1c). Bei U_{GS} = 0 V wird der max. Drainstrom I_{DS} erreicht. Wird die Steuerspannung U_{GS} negativ, verringert sich entsprechend der Drainstrom I_{DS}.

Der Sättigungsbereich des J-FET ist durch die Spannung U_{DS} begrenzt, sie darf einen Höchstwert nicht übersteigen (Spannungsdurchbruch zwischen Gate und Kanal). Bei Unterschreiten eines Mindestwertes wird der Drainstrom von der Drain-Source-

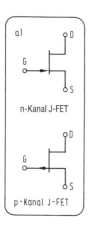

n-Kanal J-FET

p-Kanal J-FET

Abb. 5.1 a) Typen des J-FET, b) Steuerkennlinie, c) Ausgangskennlinie

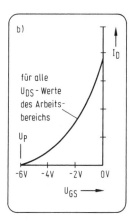

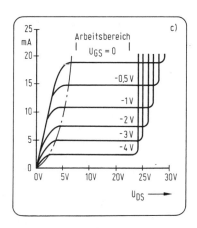

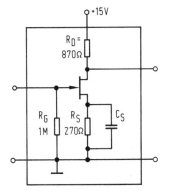

Abb. 5.2 FET-Verstärkerstufe

Spannung abhängig. Die Steuerung über die Spannung U_{GS} ist dann nicht mehr möglich.

Abb. 5.2 zeigt die Erzeugung des Arbeitspunktes für die Gate-Spannung durch den Widerstand R_S in der Source-Zuleitung. Für eine Spannung im Arbeitspunkt $U_{GS} = -2$ V errechnet sich der Widerstand R_S wie folgt:

$R_S = U_{GS}/I_D = 2\ V/7{,}5\ mA = 270\ \Omega$

Der Arbeitswiderstand R_D berechnet sich wie bei einem npn-Transistor.

Der Widerstand R_G wird als Ableitwiderstand für die Gate-Zuleitung benötigt. Der Widerstandswert beträgt ca. 1 MΩ entsprechend den Herstellerangaben. Der Arbeitswiderstand R_D berechnet sich wie folgt:

$$R_D = \frac{U_{ss} - U_s}{2} : I_O = \frac{15\ V - 2\ V}{2} : I_D = 860\ \Omega$$

6 Festlegung und Stabilisierung des Arbeitspunktes

6.1 Temperaturabhängige Verstärkereigenschaften

Bei der bisherigen Betrachtung des Transistors als Verstärker sind wir davon ausgegangen, daß der Arbeitspunkt des Transistors durch keine äußeren Einflüsse verändert wird. In Wirklichkeit ist jedoch jeder Halbleiter, besonders in den Grenzschichten, sehr temperaturempfindlich.

Wie bei einer Diode steigt auch beim Transistor der Strom der in Sperrichtung betriebenen Grenzschicht exponentiell mit der Temperatur an. Betrachten wir hierzu die Schaltung *Abb. 6.1*, die eine Verstärkerstufe darstellt. Da in dieser Schaltung ein npn-Transistor verwendet wird, ist die Kollektor-Basis-Strecke ein np-Übergang, der in Sperrichtung geschaltet ist und an dem eine Sperrspannung von etwa $-10,7$ V anliegt (*Abb. 6.2*). Der Sperrstrom, der unter diesen Bedingungen durch die Diode fließt (*Abb. 6.3*), wird als Kollektorreststrom $I_{CB\,0}$ bezeichnet und im Kollektor-Basis-Stromkreis bei offenem Emitter gemessen. Der Kollektorreststrom kann bei steigender Temperatur so groß wer-

Abb. 6.1 Transistorverstärkerstufe

Abb. 6.2 Spannung an der Kollektordiode

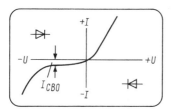

Abb. 6.3 Kollektorreststrom

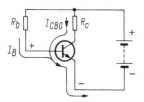

Abb. 6.4 Wirkung des Kollektorreststromes auf den Basisstrom

den, daß sich die Verstärkung unzulässig stark ändert, so daß
Verzerrungen auftreten können oder der Transistor thermisch
überlastet wird.

Der Kollektorreststrom ist also keineswegs wünschenswert.
Seine Auswirkungen können am besten anhand einer praktischen
Schaltung, z. B. einer einfachen Verstärkerstufe, deutlich
gemacht werden (*Abb. 6.4*). Die Basisvorspannung wird durch
den Basiswiderstand R_b erzeugt. Die Basis ist dadurch gegenüber
dem Emitter positiv, d. h. der Emitter ist leitend. Erinnern wir
uns, daß die Kollektor-Basis-Strecke aus einem np-Übergang
besteht und in Sperrichtung gepolt ist. Der dadurch erzeugte
Reststrom $I_{CB\,0}$ fließt vom Kollektor in die Basis, von da aus
gemeinsam mit dem durch den Widerstand R_b bestimmten Basisstrom I_B durch die leitende Basis-Emitter-Diode in den Emitter.
Der Kollektorreststrom $I_{CB\,0}$ wirkt auf den Basisstrom wie ein
zusätzlicher Signalstrom und verursacht so eine Erhöhung der
Basis-Emitter-Spannung U_{BE} und als Folge davon einen größeren
Kollektorstrom I_C, der zu einer Erhöhung der Eigentemperatur

des Transistors führt. Eine Temperaturerhöhung führt aber wiederum zu einer Erhöhung des stark temperaturabhängigen Kollektorreststromes $I_{CB\,0}$. Diese Wechselwirkung zwischen Temperatur und Kollektorstrom wird als thermische Rückkopplung bezeichnet, die zu einer Zerstörung des Transistors führen kann.

Das Ansteigen des Kollektorreststromes bei zunehmender Temperatur muß also verhindert werden. Dazu bedient man sich einer Anzahl von Schaltungsmaßnahmen, deren Wirkungen und Funktionen im folgenden Abschnitt untersucht werden sollen.

6.2 Temperaturstabilisierung des Arbeitspunktes

Das thermische Verhalten des Transistors wird im wesentlichen durch den Stromstabilitätsfaktor S_I bestimmt, der durch das Verhältnis der Änderung des Kollektorstromes $\Delta\,I_C$ zur Änderung des Kollektorreststromes $\Delta\,I_{CB\,0}$ gegeben ist:

$$S_I = \frac{\Delta\,I_C}{\Delta\,I_{CB\,0}}$$

Der bestmögliche Wert für den Stromstabilitätsfaktor ist $S_I = 1$, d. h. eine Änderung des Kollektorreststromes $\Delta\,I_{CB\,0}$ hätte eine Änderung des Kollektorstromes $\Delta\,I_C$ in gleicher Höhe zur Folge. Den schlechtesten Wert für den Stromstabilisierungsfaktor hat die einfachste Schaltung zur Basisvorspannungserzeugung nach Abb. 2.17, in der sich der Stabilitätsfaktor aus der Formel $S_I = 1 + B$ (B ist der mittlere Stromverstärkungsfaktor) ergibt. Bei $B = 100$ wäre $S_I = 1 + 100 = 101$. Diese Schaltung übt keinen stabilisierenden Einfluß auf den Kollektorreststrom $I_{CB\,0}$ aus und sollte deshalb nur bei geregelter Umgebungstemperatur angewendet werden. Auch darf bei dieser Schaltung der Transistor nicht in seinen Grenzwerten betrieben werden. In dieser Schaltung sollte auch nur ein Siliziumtransistor angewendet werden, dessen Oberfläche mit einer Oxydschicht überzogen ist und der dadurch im

Vergleich zum Germaniumtransistor einen um den Faktor 100...1000 geringeren Kollektorreststrom $I_{CB\,0}$ aufweist.

6.3 Erzeugung des Arbeitspunktes durch Spannungsteiler

Eine wesentlich billigere Maßnahme zum Erzeugen der Basisvorspannung ist die Anwendung eines Basisspannungsteilers. In der Schaltung *Abb. 6.5a* wird zusätzlich zu dem Basisstrom I_B ein Strom I_q in dem Widerstand R_q erzeugt. Dadurch wird erreicht, daß die Basis-Emitter-Spannung U_{BE} durch den Widerstand R_q und den Strom I_q bestimmt wird (Abb. 6.5b). Die Stabilisierungswirkung ist um so besser, je größer der Strom I_q im Verhältnis zu den Strömen I_B und $I_{CB\,0}$ ist. Das bedeutet aber, daß der Spannungsteiler sehr niederohmig sein muß. Bei der überschlägigen Berechnung des Basisspannungsteilers muß zuerst der Strom I_q durch den Widerstand R_q bestimmt werden. In der Regel wählt man für diesen Strom einen Wert, der etwa zehnmal größer ist als der Basisstrom: $I_q = 10 \cdot I_B$. Nehmen wir an, daß der Basisstrom

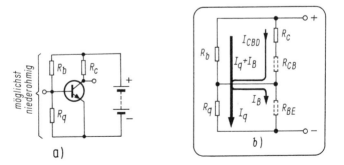

Abb. 6.5 a) Spannungsteiler in der Basis, b) Ersatzschaltbild

$I_B = 200\ \mu A = 0,2$ mA beträgt, dann wir $I_q = 10 \cdot 0,2$ mA $= 2$ mA. Der Widerstand R_q errechnet sich dann nach dem Ohmschen Gesetz aus der Basisvorspannung U_{BV} und dem Strom I_q ($U_{BV} = U_{BE} = 0,75$ V):

$$R_q = \frac{U_{BE}}{I_q} = \frac{750\ mV}{2\ mA} = 375\ \Omega$$

Der Widerstand R_b ergibt sich aus der Formel (im Nenner mit dem Strom I_q erweitert):

$$R_b = \frac{U - U_{BE}}{I_B + I_q}$$

und daraus der Widerstand:

$$R_b = \frac{10\ V - 0,75\ V}{0,2\ mA + 2\ mA} = \frac{9,25\ V}{2,2\ mA} \approx 4,2\ k\Omega$$

Die Wirkung des Spannungsteilers auf die thermische Rückkopplung ist um so größer, je kleiner die Widerstandswerte sind.

6.4 Stabilisierung durch Stromgegenkopplung

Abb. 6.6 zeigt eine Verstärkerstufe, in der zusätzlich in die Emitterzuleitung der Widerstand R_e und der Kondensator C_e eingebaut wurden. Für die Temperaturstabilisierung ist nur der Widerstand R_e von Bedeutung; der Kondensator C_e wird lediglich

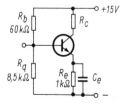

Abb. 6.6 Emitterwiderstand als Stromgegenkopplung

als Überbrückungskondensator für den Wechselstrom benutzt, wodurch der Widerstand R_e für die Wechselspannung nicht als Gegenkopplung wirksam werden kann.

Durch die thermische Rückkopplung würden der Basisstrom und damit der Kollektor- und Emitterstrom ansteigen. Infolge der Zunahme des Emitterstromes steigt die Spannung am Widerstand R_e und kompensiert somit den Anstieg der Basisvorspannung. Die Zunahme der Basisvorspannung wird dadurch weitgehend verhindert. Die Schaltung arbeitet um so stabiler, je größer der Widerstand R_e gewählt wird. Allerdings muß man berücksichtigen, daß bei einem großen Widerstand bei gleichbleibender Batteriespannung die Kollektor-Emitter-Spannung sehr klein wird, was eine Verminderung des Verstärkungsfaktors mit sich bringt.

Bei der Berechnung der Widerstände R_b und R_q muß die am Widerstand R_e anliegende Spannung U_e berücksichtigt werden. Als Beispiel für die Berechnung einer Verstärkerstufe nehmen wir folgende Werte an: $U = 15$ V, $I_C \approx I_E = 1$ mA, $R_e = 1$ kΩ, $I_B = 20$ µA und $U_{BE} = 0{,}7$ V.

Zuerst wird die Spannung U_e ausgerechnet:

$$U_e = R_e \cdot I_E = 1 \text{ k}\Omega \cdot 1 \text{ mA} = 1 \text{ V}$$

Daraus wird der Wert für die Basisvorspannung gewonnen:

$$U_{BV} = U_e + U_{BE} = 1 \text{ V} + 0{,}7 \text{ V} = 1{,}7 \text{ V}$$

Für I_q wird $10 \cdot I_B = 200$ µA eingesetzt. Daraus errechnet sich der Widerstand R_q nach dem Ohmschen Gesetz:

$$R_q = \frac{U_{BV}}{I_q} = \frac{1{,}7 \text{ V}}{0{,}2 \text{ mA}} = 8{,}5 \text{ k}\Omega$$

Der Widerstand R_b errechnet sich nach der Formel:

$$R_b = \frac{U - U_{BV}}{I_B + I_q}$$

$$\frac{15 \text{ V} - 1,7 \text{ V}}{20 \text{ μA} + 200 \text{ μA}} = \frac{13,3 \text{ V}}{220 \text{ μA}} \approx 0,06 \text{ MΩ} = 60 \text{ kΩ}$$

Der Stromstabilisierungsfaktor läßt sich aus der folgenden Formel errechnen:

$$S_I = \frac{R_e + \dfrac{R_b \cdot R_q}{R_B + R_q}}{R_e + \left[\left(\dfrac{R_b \cdot R_q}{R_b + R_q}\right) \cdot \dfrac{1}{1 + B}\right]}$$

Diese Formel sieht bei erster Betrachtung sehr kompliziert aus. Sie wird aber einfacher, wenn der neue Widerstandswert der ersatzweise als Parallelschaltung betrachteten Widerstände R_b und R_q ausgerechnet wird. Für den Widerstand R_b werden 60 kΩ eingesetzt, für $R_q = 8,5$ kΩ. Daraus ergibt sich der neue Widerstandswert:

$$R_p = \frac{60 \text{ kΩ} \cdot 8,5 \text{ kΩ}}{60 \text{ kΩ} + 8,5 \text{ kΩ}} \approx 7,5 \text{ kΩ}$$

Dieser Wert, in der Formel eingesetzt, ergibt:

$$S_I = \frac{1 \text{ kΩ} + 7,5 \text{ kΩ}}{1 \text{ kΩ} + \dfrac{7,5 \text{ kΩ}}{1 + 100}} \approx \frac{8,5 \text{ kΩ}}{1,075 \text{ kΩ}} \approx 8$$

Ein Stabilisierungsfaktor von 10...20 ist noch als gut zu betrachten. Mit der Schaltung nach Abb. 6.6 wird daher ein sehr guter Stabilisierungsgrad erzielt. Diese Schaltung wird deshalb am häufigsten zur Erzeugung der Basisvorspannung angewendet.

Eine weitere sehr häufig bei Nf-Vorverstärkern als Eingangsstufe angewendete Schaltung zeigt *Abb. 6.7*. Durch den Widerstand R_v wird eine Erhöhung des Eingangswiderstandes erreicht, ohne jedoch die stabilisierende Wirkung des Spannungsteilers von R_b und R_q zu beeinträchtigen. Außerdem wird durch den Kondensator C ein Teil der Wechselspannung an den Fußpunkt

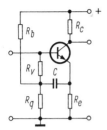

Abb. 6.7 Stufe mit großen Eingangswiderstand

des Widerstandes R_v zurückgekoppelt, so daß dadurch eine weitere Erhöhung des Eingangsscheinwiderstandes erreicht wird.

6.5 Stabilisierung durch spannungsgesteuerte Stromgegenkopplung

In der Schaltung *Abb. 6.8* ist der Widerstand R_b nicht wie bisher an der Versorgungsspannung angeschlossen, sondern an der Kollektorspannung. Steigt der Basisstrom und in Abhängigkeit davon der Kollektorstrom, so verringert sich die Spannung am Kollektor und damit die durch den Widerstand R_b erzeugte Basisvorspannung. Zur Errechnung des Stabilisierungsfaktors wird der Kollektorwiderstand R_c ersatzweise in den Emitter gelegt und dem Emitterwiderstand R_e hinzugezählt. Der Stromstabilisierungsfaktor beträgt dann:

$$S_I = \frac{6 \text{ k}\Omega + 400 \text{ k}\Omega}{6 \text{ k}\Omega + \dfrac{400 \text{ k}\Omega}{1 + 100}} \approx \frac{406 \text{ k}\Omega}{10 \text{ k}\Omega} \approx 40$$

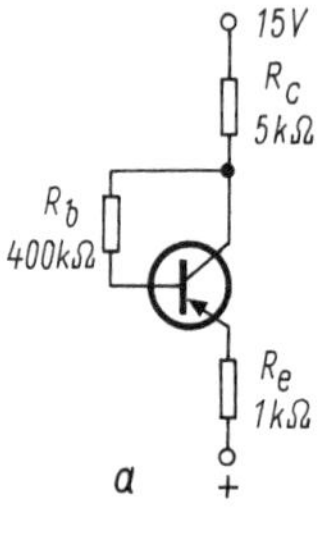

Abb. 6.8 Spannungsgesteuerte Stromgegenkopplung

Der Wert des Widerstandes R_b errechnet sich aus der Formel:

$$R_b = \frac{U_{Batt} - U_{BV}}{I_B}$$

Diese Formel ergibt sich aus der Abb. 6.8 abgeleiteten Ersatz-schaltung. Der Spannungsabfall über dem Kollektorwiderstand R_c braucht dadurch nicht mehr berücksichtigt werden.

Die Schaltung gewährleistet ein gewisses Maß an Stabilität bei äußerst geringer Stromquellenbelastung. Sie wird daher sehr häu-fig für Verstärkerschaltungen in Reiseempfängern angewendet.

Abb. 6.9 zeigt die gleiche Schaltung in Verbindung mit einem Basisspannungsteiler. Die Schaltung besitzt die besten Stromsta-bilisierungseigenschaften und hat außerdem sehr gute Verstärker-eigenschaften (geringe Verzerrungen).

Die Verbindung des Widerstandes R_b mit dem Kollektor des Transistors wirkt sich nicht nur stabilisierend auf den Kollektor-reststrom $I_{CB\,0}$ aus, sondern stellt gleichzeitig eine Gegenkopp-lung für das zu verstärkende Signal dar. Bedingt durch das verstärkte Wechselspannungssignal am Kollektor, das sich in Gegenphase zum Steuersignal an der Basis befindet, fließt ein Wechselstrom durch den Widerstand R_b, der dem Basiswechsel-strom entgegenwirkt. Für die Größe dieses Gegenkopplungsstro-mes ist die Differenz zwischen Kollektorwechselspannung und Basiswechselspannung maßgebend.

Abb. 6.9 Stabilisierung durch zwei Gegenkopp-lungen

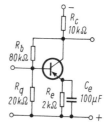

Für den Praktiker

Der Schaltungsvorschlag in *Abb. 6A* stellt eine Trennverstärker-stufe darf. Die erste Stufe ist eine stark gegengekoppelte Emitterschaltung, die zweite eine Kollektorschaltung, deren Basisvorspannung durch den Kollektorwiderstand der ersten Stufe erzeugt wird. Damit wird ein hoher Eingangsscheinwiderstand $Z_1 = 3{,}6$ MΩ und ein niedriger Ausgangsscheinwiderstand $Z_2 = 250$ Ω erreicht. Weitere Kennwerte sind: Spannungsverstärkung $V_u = 1$, Frequenzbereich 20 Hz bis 20 kHz.

Bauteile

Kondensatoren

C 1   47 nF
C 2   5 μF Elektrolytkondensator

Widerstände

R 1   470 kΩ ⎫
R 2   150 kΩ ⎪
R 3   180 kΩ ⎬ ±10%   0,25 W
R 4   22 kΩ ⎪
R 5   22 kΩ ⎪
R 6   27 kΩ ⎭

Abb. 6A

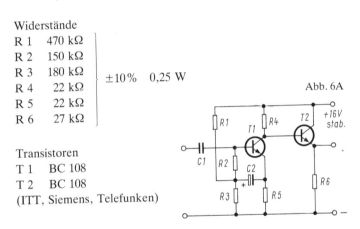

Transistoren

T 1   BC 108
T 2   BC 108
(ITT, Siemens, Telefunken)

Zum Selbsttesten

6.1 In welcher Schaltung von *Abb. 6B* ist der Eingangsscheinwiderstand am größten?
in Schaltung ....

6.2 Wodurch wird in einer Emitterschaltung eine erhöhte Temperaturstabilität erreicht?

130

Abb. 6B

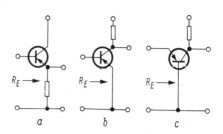

- durch einen Kollektorwiderstand mit kleinem Ohmwert
- durch einen Emitterwiderstand
- durch einen Kondensator parallel zum Emitterwiderstand
- durch keine der erwähnten Maßnahmen, sondern durch

....

6.3 Wie groß ist die Kollektorspannung in der Schaltung *Abb. 6C*? (Der Basisstrom braucht nicht berücksichtigt zu werden.)

- 20 V
- 5 V
- 15 V
- 7,5 V
- 3,5 V

Abb. 6C

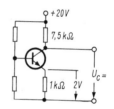

6.6 Temperaturkompensation der Z-Dioden

Z-Dioden haben – da sie im Sperrbereich betrieben werden – einen relativ hohen Temperaturkoeffizienten. Bei der Anwendung der Z-Diode als Referenzelement, z. B. in elektronisch stabilisierten Netzgeräten wirkt sich das besonders nachteilig aus, da bei diesen Schaltungen in den meisten Fällen eine sehr große Spannungsstabilität erforderlich ist.

131

Die Kompensation des Temperaturkoeffizienten der Z-Diode wird durch den Einbau (Reihenschaltung) einer zusätzlichen Diode mit entgegengesetztem Temperaturkoeffizienten aber gleicher Charakteristik erreicht.

Bei der Temperaturkompensation von Z-Dioden muß beachtet werden, daß diese Dioden bei Referenzspannungen über 6 V einen positiven Temperaturkoeffizienten aufweisen. Z-Dioden mit Referenzspannungen unter etwa 4,5 V haben einen negativen Temperaturkoeffizienten und müssen mit einer entsprechenden Diode kompensiert werden. Z-Dioden, deren Referenzspannungen zwischen 4,5 V und 6 V liegen, haben nahezu keinen Temperaturkoeffizienten und brauchen daher in ihrem Temperaturverhalten nicht ausgeglichen zu werden.

7 Funktionskontrolle des Transistors

Die Funktion eines Transistors läßt sich durch Spannungs- und Widerstandsmessungen mit einem Voltmeter schnell und sicher überprüfen.

Um festzustellen, ob eine Transistorstufe richtig arbeitet, wird zuerst die Basis-Emitter-Spannung U_{BE} auf ihre Polarität geprüft. Beim npn-Transistor muß die Basis gegenüber dem Emitter positive, beim pnp-Transistor negative Polarität aufweisen. Wird ein Röhrenvoltmeter benutzt, ist es ratsam, die Basis-Emitter-Spannung aus der Differenz der Spannungswerte, die jeweils von der Basis und dem Emitter gegen das Bezugspotential (Masse) gemessen werden, zu ermitteln. Eine direkte Messung von der Basis zum Emitter ist nur mit einem hochisolierten Röhrenvoltmeter zu empfehlen. Bei einem Röhrenvoltmeter, dessen Bezugsklemme (Minuspol) nicht vom Chassis und damit von der Schutzerde isoliert ist, können Erdschleifenströme auftreten, die ausreichen, den Transistor zu zerstören.

Wurde die richtige Polarität zwischen Basis und Emitter festgestellt, muß der Transistor leitend sein. Ist die Basis-Emitter-Diode dagegen in Sperrichtung gepolt, führt der Transistor keinen Strom.

Die Größe der anliegenden Spannung läßt vielfach erkennen, ob der Transistor als Verstärker oder im Impulsbetrieb als Schalter arbeitet. Bei einem Verstärker ist die Basis-Emitter-Spannung nur gering ($U_{BE} \approx 0,2$ V bei 1 mA Kollektorstrom, vgl. dazu Abb. 1.16). Im Impulsbetrieb wird der Transistor meist übersteuert, er kann deshalb eine wesentlich höhere Basis-Emitter-Spannung aufweisen.

Die Polarität und die Höhe der Basis-Emitter-Spannung U_{BE} können daher wesentlichen Aufschluß über die Betriebsbedin-

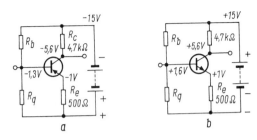

Abb. 7.1 a) PNP-Transistor b) NPN-Transistor

gungen des Transistors geben. *Abb. 7.1* soll nochmals die Polaritätsunterschiede zwischen Verstärkerstufen deutlich machen, die wie in Abb. 7.1*a* mit einem Germanium-pnp-Transistor und in Abb. 7.1*b* mit einem Silizium-npn-Transistor bestückt sind.

Ergibt die Messung der Basis-Emitter-Spannung, daß der Transistor leitend sein muß, so wird als nächstes die Steuerwirkung des Transistors überprüft. Dazu ist erforderlich, den Kollektorstrom und die Spannung am Kollektor zu messen. Die Kollektorspannung, die gegen das Bezugspotential gemessen wird, muß um den Spannungsbetrag $U_C = R_c \cdot I_C$ kleiner sein als die Batteriespannung. Danach wird durch Kurzschließen der Basis-Emitter-Strecke mit Hilfe einer Zange oder eines Stück Drahtes der Transistor gesperrt; die Kollektorspannung muß sich nahezu auf den Wert der Batteriespannung erhöhen (*Abb. 7.2*). Eine dabei auftretende Spannungsdifferenz wird durch den Kollektorreststrom $I_{CB\,0}$ verursacht, der aber bei hochwertigen Transistoren, insbesondere bei Siliziumtransistoren, sehr niedrig ist. Verursacht diese Maßnahme keine Spannungsänderung am Kollektor, so ist der Transistor defekt. Die Fehlersuche könnte hier bereits abgeschlossen werden. Allerdings ist jetzt noch nicht bekannt, warum der Transistor nicht arbeitet. Um das herauszufinden, muß der Widerstand R_q von der Basis des Transistors getrennt werden

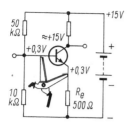

Abb. 7.2 Prüfung der Steuer-wirkung

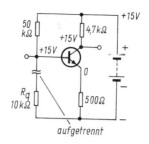

Abb. 7.3 Spannungen an den Anschlüssen bei unterbrochenem Basis-Emitter-Übergang

(*Abb. 7.3*). Die Ursache des Fehlers läßt sich dann an den folgenden Merkmalen leicht feststellen:

Merkmal

An der Basis und am Kollektor wird der Spannungswert der Batterie gemessen, am Emitter 0 V (Abb. 7.3).

Ursache

Die Basis-Emitter-Strecke ist unterbrochen.

Merkmal

Am Kollektor wird der Spannungswert der Batterie gemessen, an der Basis und am Emitter der gleiche Spannungswert (*Abb. 7.4*).

Abb. 7.4 Spannungen an den Anschlüssen bei kurzge-schlossenem Basis-Emitter-Übergang

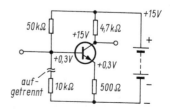

135

Ursache

Die Basis-Emitter-Strecke ist kurzgeschlossen (vgl. dazu auch Abb. 7.2.

Merkmal

Am Kollektor wird der Spannungswert der Batterie gemessen, am Emitter eine sehr kleine Spannung, zwischen Basis und Emitter die Spannung U$_{BE}$ (*Abb. 7.5*).

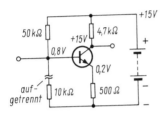

Abb. 7.5 Spannungen an den Anschlüssen bei unterbrochenem Kollektor-Basis-Übergang

Ursache

Die Kollektor-Basis-Strecke ist unterbrochen. (Die Spannung am Emitterwiderstand wird durch den Basisstrom verursacht.)

Merkmal

Am Emitter wird die gleiche Spannung gemessen wie am Kollektor (*Abb. 7.6*).

Ursache

Die Emitter-Kollektor-Strecke ist kurzgeschlossen.

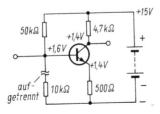

Abb. 7.6 Spannungen an den Anschlüssen bei kurzgeschlossenem Emitter-Kollektor-Übergang

136

In der Regel wird die Unterbrechung der Elektroden durch eine Stromüberlastung hervorgerufen, ein Kurzschluß durch Spannungsüberhöhung. Die als erste aufgeführte Ursache hat meist die zweite zur Folge: Wird z. B. die Basis-Emitter-Strecke durch einen zu großen Strom unterbrochen, so erfolgt aufgrund der erhöhten Spannung am Kollektor in der Emitter-Kollektor-Strecke ein Durchschlag.

Eine weitere Möglichkeit der Transistorprüfung besteht in einer Widerstandsmessung der einzelnen Elektronenübergänge. Wie aus den vorhergehenden Beispielen zu ersehen ist, sind die

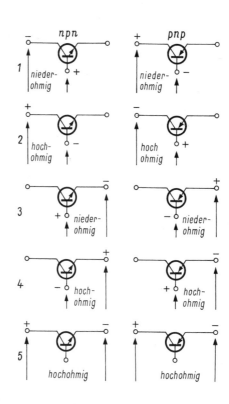

Abb. 7.7 Richt-
wirkung der Elek-
trodenübergänge

häufigsten Fehlerursachen bei einem Transistor kurzgeschlossene oder unterbrochene Elektrodenübergänge. Die Widerstandsprüfung empfiehlt sich insbesondere bei nicht eingebauten oder ausgebauten Transistoren, da in der Schaltung die Meßergebnisse durch andere parallel geschaltete Widerstände und Bauteile verfälscht werden.

Die Überprüfung aller Elektrodenübergänge des Transistors auf ihre Richtwirkung erfordert folgende Widerstandsmessungen (*Abb. 7.7*):

1. Prüfen des Basis-Kollektor-Überganges auf Durchlaßwirkung;
2. Prüfen des Basis-Kollektor-Überganges auf Sperrwirkung;
3. Prüfen des Basis-Kollektor-Überganges auf Durchlaßwirkung;
4. Prüfen des Basis-Emitter-Übergangs auf Sperrwirkung;

Tabelle 7.1 Grenzwerte der gemessenen Widerstandswerte beim Überprüfen der Elektroden eines Transistors

Typ	Ge-pnp	Si-npn
Polarität des Röhrenvoltmeters	Plusklemme am Emitter	Minusklemme am Emitter
Kleinsignal-Transistoren		
Emitter-Basis-Widerstand	$\approx$ 10 kΩ bis 100 kΩ	$\approx$ 1 kΩ bis 5 kΩ
Emitter-Kollektor-Widerstand	$\approx$ 200 kΩ bis 500 kΩ	$\approx$ unendlich
Leistungstransistoren		
Emitter-Basis-Widerstand	$\approx$ 30 kΩ bis 100 kΩ	$\approx$ 0,2 kΩ bis 1 kΩ
Emitter-Kollektor-Widerstand	$\approx$ 100 kΩ bis 1 MΩ	$\approx$ 100 kΩ bis 2 MΩ

5. Prüfen des Kollektor-Emitter-Überganges auf Sperrwirkung. (Bei dieser Messung braucht die Polarität der Meßklemmen nicht berücksichtigt zu werden.)

Die gemessenen Widerstandswerte der dritten und fünften Messung müssen etwa innerhalb der in *Tabelle 7.1* genannten Grenzwerte liegen.

Zum Selbsttesten

7.1 In der Schaltung (*Abb. 7A*) ist der Transistor defekt – was ist die Ursache?

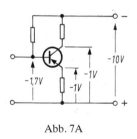

Abb. 7A

139

8 Kopplungsarten bei Verstärkern

Im Gegensatz zu kapazitiv gekoppelten Verstärkerstufen muß bei einer Gleichstromkopplung die Ausgangsruhespannung der ersten Stufe gleiche Größe haben wie die Eingangsruhespannung der folgenden Stufe. Diese direkte, auch als galvanische Verbindung bezeichnete Kopplung ist in den meisten Fällen nicht immer möglich. Daher sollen in diesem Abschnitt die neben der direkten Kopplung gebräuchlichsten Gleichstromkopplungen mit Potentialanpassung besprochen werden.

8.1 Gleichstromkopplung durch Spannungsteiler

Die Verminderung der Ausgangsspannung auf die erforderliche Höhe der folgenden Eingangsspannung durch einen Spannungsteiler ist die häufigste und einfachste Schaltungsmaßnahme zur Potentialanpassung. Durch den Spannungsteiler, der in *Abb. 8.1* aus den Widerständen R 1 und R 2 besteht, wird die Kollektorgleichspannung dem erforderlichen Wert der Basisgleichspannung der nächstfolgenden Stufe angepaßt. Dieser Spannungstei-

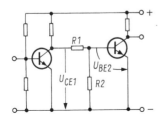

Abb. 8.1 Stufenkopplung durch Spannungsteiler

ler ersetzt dann gleichzeitig den für eine Verstärkerstufe üblichen Basisspannungsteiler zur Erzeugung der Basisvorspannung, wie sie zur Festlegung des Arbeitspunktes notwendig ist. Die Dimensionierung des Spannungsteilers unterliegt daher den gleichen Bedingungen wie in den Schaltungen zuvor, d. h. der Widerstand R 1 kann wie der Widerstand R_b ausgerechnet werden. Anstelle der Betriebsspannung U_{Batt} muß jedoch die Kollektorspannung eingesetzt werden. Der beschriebene Teiler hat aber den Nachteil, daß die Ausgangsamplitude der Signalspannung im gleichen Maße wie die Gleichspannung heruntergeteilt wird, entsprechend der Formel:

$$U_{BE\,2} = \frac{U_{CE\,1}}{\left(\dfrac{R_1 + R_2}{R_2}\right)}$$

8.2 Gleichstromkopplung durch dynamische Spannungsteiler

Durch die Schaltung *Abb. 8.2*, in der der Widerstand R 2 durch den Transistor T 3 ersetzt wird, kann der Nachteil der Amplitudenverringerung durch die Widerstandskopplung, wie oben aufgezeigt, vermieden werden. Die Wirkungsweise dieser Schaltung beruht darauf, daß der Transistor einen niedrigen Gleichstromwiderstand besitzt, jedoch einen hohen dynamischen Ausgangswi-

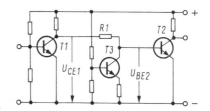

Abb. 8.2 Transistor als dynamischer Teilerwiderstand

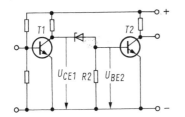

Abb. 8.3 Z-Diode als dynamischer Teilerwiderstand

derstand aufweist. Daher sind die Signalverluste sehr gering, der
Schaltungsaufwand aber erheblich größer. Ist der Spannungsun-
terschied zwischen zwei Verstärkerstufen größer als 3 V, dann
kann der Widerstand R 1 durch eine Z-Diode ersetzt werden
(*Abb. 8.3*). Bei einem ausreichend großen Durchlaßstrom I_Z
(1...3 mA) ist der dynamische Widerstand der Z-Diode (differentieller Widerstand r_Z) sehr klein im Verhältnis zu R 2.

8.3 Direkte Kopplung

Werden mehrere Verstärkerstufen galvanisch hintereinander
geschaltet, so wird das Kollektorruhepotential von Stufe zu Stufe
höher. Für die Schaltung in *Abb. 8.4* wird angenommen, daß die

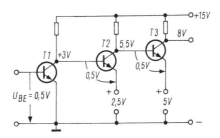

Abb. 8.4 Potentialverschiebung an galvanisch gekoppelten Verstärkerstufen

Basis-Emitter-Spannung U_{BE} = 0,5 V beträgt, die Kollektor-Emitter-Spannung U_{CE} = 3 V. Das bedeutet, daß die Emitterspannung der nächstfolgenden Stufe immer um den Betrag der Kollektor-Emitter-Spannung U_{CE} der vorhergehenden Stufe höher sein muß. Die galvanische Kopplung erfordert daher in jedem Fall eine Erhöhung der Emitterpotentiale von Stufe zu Stufe. Die Potentialverschiebung kann allerdings nur bis zu einer bestimmten Anzahl Verstärkerstufen durch entsprechende Dimensionierung der Emitterwiderstände erzeugt werden. Eine andere Möglichkeit ist die Erhöhung der Versorgungsspannung von Stufe zu Stufe.

In einer anderen Schaltungsmaßnahme erfolgt die Potentialverschiebung durch in Durchlaßrichtung geschaltete Diodenpaare zwischen den Emittern zweier Stufen. Der für den Wechselstrom maßgebende differentielle Widerstand der Dioden ist dabei etwa zehnmal so klein wie ihr Gleichstromwiderstand. Sie brauchen daher nicht, wie bei den Emitterwiderständen üblich, durch einen Kondensator überbrückt zu werden.

In vielen Fällen werden Verstärker benötigt, deren Ausgangsspannung zu Null wird, wenn die Eingangsspannung 0 V beträgt. Diese Forderung wird erreicht, wenn – wie *Abb. 8.5* zeigt – die Verstärkerstufen abwechselnd mit npn- und pnp-Transistoren bestückt werden und die Kollektor-Basis-Ruhespannungen dieser Transistoren gleich groß sind (im vorliegenden Fall ist $U_{BB\ 1}$ = 2 V und $U_{CB\ 2}$ = −2 V). Diese Schaltungsanordnung wird auch

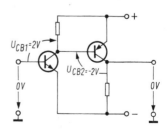

Abb. 8.5 Kompensation durch Komplementärtransistoren

bei galvanisch gekoppelten mehrstufigen Verstärkern angewendet, wodurch beispielsweise in einer npn-Stufe ein hohes positives Ruhepotential U_{CE} in der folgenden pnp-Stufe wieder herabgesetzt wird.

8.4 Fehlersuche an Gleichstromverstärkern

Im Gegensatz zu kapazitiv gekoppelten Verstärkerstufen, deren Ruhepotentiale nicht von Potentialen einer defekten vor- oder nachgeschalteten Stufe beeinflußt werden kann, muß bei der Fehlersuche oder beim Messen an gleichstromgekoppelten Stufen diese Wirkung berücksichtigt werden. Anhand der Schaltung *Abb. 8.6* und der *Tabelle 8.1* soll auf verschiedene Fehlerursachen und auf die dadurch bedingten Potentialverschiebungen hingewiesen werden. In der Spalte A der Tabelle sind die Werte der Ruhepotentiale der einzelnen Elektroden eingetragen, die für die normale Funktion der Stufen gültig sind. Für die Werte der Spalte B ist als Beispiel angenommen, daß die Basis-Emitter-Strecke der Transistorstufe T 1 kurzgeschlossen ist. Aus den Potentialen der einzelnen Stufen ist zu ersehen, daß im gesperrten Zustand der ersten Stufe ($U_{C\,1} = U_{Batt}$) die zweite Stufe übersteuert wird ($U_{B\,2} > U_{C\,2}$) und als Folge davon die dritte Stufe nahezu

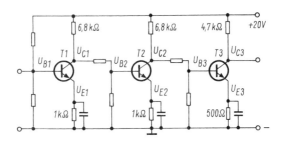

Abb. 8.6 Dreistufiger gleichstromgekoppelter Verstärker

Tabelle 8.1 Spannungen der Schaltung nach Abb. 8.6

Elektrode	Ruhe-potentiale	Potentiale bei Kurzschluß Basis-Emitter von T 1	Basis-Emitter von T 2 unterbrochen
$U_{B\,1}$	+2,6 V	+0,4 V	+2,6 V
$U_{C\,1}$	+6,4 V	+19,6 V	>6,4 V
$U_{E\,1}$	+2 V	+0,4 V	+2 V
$U_{B\,2}$	+2,6 V	+7 V	>2,6 V
$U_{C\,2}$	+6,4 V	+3 V	+20 V
$U_{E\,2}$	+2 V	+2,8 V	0 V
$U_{B\,3}$	+2,1 V	+1 V	+6,5 V
$U_{C\,3}$	+5,9 V	+14,8 V	+3 V
$U_{e\,3}$	+1,5 V	+0,5 V	+2 V
	A	B	C

gesperrt wird. Für die Potentiale in Spalte C wird als Fehlerursache eine Unterbrechung der Basis-Emitter-Strecke der zweiten Stufe vorausgesetzt. Die Basisspannung $U_{B\,2}$ dieser Stufe wird in diesem Fall nur geringfügig höher werden, da sie hauptsächlich durch den Spannungsteiler geprägt wird. Daher kann auch die Kollektorspannung $U_{C\,1}$ nicht wesentlich ansteigen. Durch die hohe Kollektorspannung $U_{C\,2} = U_{Batt}$ wird die dritte Stufe übersteuert.

Die Potentialänderungen dieser Beispiele können nur als Richtwerte den Einfluß der einzelnen Stufen untereinander deutlich machen. Genauere Angaben sind zu sehr von der Dimensionierung der einzelnen Stufen abhängig. Trotzdem lassen sich aus diesen Beispielen für die Fehlersuche an gleichstromgekoppelten Verstärkerstufen grundsätzliche Regeln ableiten: Von der ersten defekten Stufe aus gezählt verhalten sich die folgenden geradzahligen Stufen in Emitterschaltung immer entgegengesetzt, d. h. ist die defekte Stufe gesperrt, wird die folgende Stufe leitend oder sogar übersteuert sein, die ungeradzahlige dritte Stufe ist dann wieder gesperrt. Ist die defekte Stufe leitend, verhalten sich die folgenden Stufen entsprechend umgekehrt.

Bei der Fehlersuche an einem defekten mehrstufigen gleichstromgekoppelten Verstärker ist ein Durchmessen aller Gleichspannungen als erste Maßnahme wegen der zuvor beschriebenen Zusammenhänge wenig erfolgreich. Besser ist es, alle leitenden Transistoren, an der letzten Stufe beginnend (falls dies nicht leitend ist, an der vorletzten), auf ihre Steuerwirkung durch Messen der Kollektorspannungen bei kurzgeschlossener Basis-Emitter-Strecke zu überprüfen (vgl. Abschnitt 7). Die vorletzte Stufe muß – vorausgesetzt, daß sie noch funktionsfähig ist – gesperrt werden, die letzte Stufe leitend. Dieser Vorgang wird an allen Stufen wiederholt bis zu der Stufe, die keine Steuerwirkung zeigt. Diese Stufe sollte durch mehrere Messungen auf ihre Fehlerursache untersucht werden, um sie dann gegebenenfalls zu ersetzen.

Zum Selbsttesten

8.1 Durch welche Schaltungsmaßnahme kann der Spannungsteiler in *Abb. 8A* in einen dynamischen Spannungsteiler umgebaut werden?

● Durch Einsetzen einer Transistorstufe in Kollektorschaltung anstelle des Widerstandes R 2.

● Durch Einsetzen einer Transistorstufe in Emitterschaltung anstelle des Widerstandes R 2.

● Durch Einsetzen einer Transistorstufe in Emitterschaltung anstelle des Widerstandes R 1.

Abb. 8A

8.2 Welche Aufgaben haben die Dioden in *Abb. 8B*?

● Den Arbeitspunkt der Verstärkerstufen zu stabilisieren.

● Den Verstärkungsfaktor zu begrenzen.

● Die Potentialverschiebung zwischen den galvanisch gekoppelten Verstärkerstufen zu erzeugen.

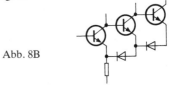

Abb. 8B

8.3 Welchen Vorteil hat in Abb. 8B der Einsatz der Dioden anstelle von Emitterwiderständen?

● Der Wechselstromwiderstand der Dioden ist kleiner als ihr Gleichstromwiderstand.

● Dioden sind billiger als Widerstände.

● Durch die Dioden wird die Emitterspannung konstant gehalten.

8.4 Welche Spannung wird am Ausgang der Schaltung *Abb. 8C* gemessen?

● -10 V

● $+2$ V

● 0 V

● -5 V

Abb. 8C

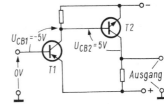

8.5 Verstärker mit Gegenkopplung

Bei einem mehrstufigen Verstärker wird mit Hilfe der Gegenkopplung ein Teil der Ausgangsspannung oder des Ausgangsstromes mit entgegengesetzter Polarität zum Eingangssignal an den

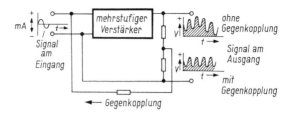

Abb. 8.7 Prinzip der Gegenkopplung

Eingang bzw. die Eingangsstufe zurückgeführt (*Abb. 8.7*). Zweck der Gegenkopplung ist es, unlineare Verstärkung des Signales, Verstärkungs- und Driftänderungen zu verhindern. Die sich daraus ergebende Verminderung des Verstärkungsfaktors wird dabei bewußt mit einbezogen und bei der Dimensionierung des Verstärkers berücksichtigt.

Die Gegenkopplungswirkung des zurückgeführten Signales läßt sich daran überprüfen, an welcher Stufe und an welcher Elektrode das Signal abgenommen wird. Gezählt werden nur die Phasenumkehrstufen, also die Emitterschaltungen des Verstärkers. Die Abnahme des Gegenkopplungssignales an einer geradzahligen Verstärkerstufe kann nur am Emitter erfolgen, die Abnahme am Kollektor würde eine Rückkopplung ergeben. Entsprechend muß bei einer ungeradzahligen Verstärkerstufe die Gegenkopplung am Kollektor abgenommen werden. Die Rückführung des Gegenkopplungssignales erfolgt dabei an die Basis der ersten Verstärkerstufe. Bei der Rückführung an den Emitter muß das Signal gleichphasig sein, damit die Gegenkopplungswirkung des Emitterwiderstandes erhöht wird.

Grundsätzlich wird bei der Gegenkopplung zwischen zwei Möglichkeiten unterschieden: die *Signalgegenkopplung*, bei der ein Teil des verstärkten Wechselspannungssignales durch Kondensatoren oder seltener durch Übertrager zurückgeführt wird, um die *Gleichspannungs-* oder *Stromgegenkopplung*, bei der ein

148

Teil aller am Ausgang wirksamen Potentialänderungen, also Gleich- und Wechselspannungen, durch Widerstände an den Eingang zurückgeführt werden.

Die Funktion der zuletzt genannten Gegenkopplung wirkt sich besonders erschwerend bei der Fehlersuche an defekten gleichstromgekoppelten Verstärkern aus, weil dann eine Ruhepotentialverschiebung in einer Stufe durch die Gegenkopplung auf den ganzen Verstärker übertragen wird. Deshalb ist es auf alle Fälle erforderlich, die Gegenkopplung zu Beginn der Fehlersuche aufzutrennen und dann den Verstärker mit seinen einzelnen Stufen – wie in dem Abschnitt 7 beschrieben – zu prüfen und durchzumessen.

Zum Selbsttesten

8.5 Welche Eigenschaften eines Verstärkers werden durch eine Gleichspannungsgegenkopplung verändert?
● Der Verstärkungsfaktor
● Der Frequenzgang
● Der Klirrfaktor
● Die Temperaturstabilität
● Der Ausgangswiderstand

8.6 Durch welche Maßnahmen kann die Temperaturstabilität eines Verstärkers verbessert werden?
● Die Wirkung der Gleichstromgegenkopplung wird vergrößert.
● Der Kondensatorwert der kapazitiven Gegenkopplung wird vergrößert.
● Die Wirkung der Gleichstromgegenkopplung wird verringert.

8.7 Der Ausgang eines Verstärkers ist über eine Gleichspannungsgegenkopplung mit dem Eingang der ersten Stufe, die aus einem npn-Transistor besteht, verbunden. Wie wirkt sich eine positive Potentialveränderung am Ausgang auf den Eingang aus?

● Die Basisvorspannung der Eingangsstufe wird größer.
● Die Basisvorspannung der Eingangsstufe wird kleiner.
● Die positive Potentialveränderung am Ausgang bewirkt eine negative Potentialveränderung am Eingang.
● Die positive Potentialveränderung am Ausgang bewirkt eine positive Potentialveränderung am Eingang.

8.6 Verstärkermitkopplung

Vorwiegend zur Erzeugung von Wechselspannungen werden Verstärkerschaltungen mit einer frequenzabhängigen Mitkopplung aufgebaut. Im Gegensatz zur Gegenkopplung wird bei der Rückkopplung die verstärkte Ausgangsspannung fortlaufend phasengleich an den Eingang des Verstärkers zurückgeführt (*Abb. 8.8*). Bei ausreichendem Verstärkungsfaktor wird dadurch eine Selbststeuerung des Verstärkers erzielt, dessen Wirkung keiner weiteren Signalzuführung von außen bedarf. Der Verstärker hat in diesem Falle die Funktion eines Oszillators. Die Frequenz des Oszillators wird durch frequenzselektive RC-Glieder, LC-Schwingkreise oder durch Schwingquarze bestimmt. In niederfre-

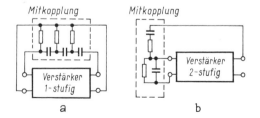

Abb. 8.8 Mitkopplung: a) Phasenumkehrglied, b) RC-Glied

quenten Bereichen werden vorwiegend RC-Glieder angewendet, die gleichzeitig als Rückkopplung dienen. Bedingung ist, daß bei Anwendung einer Verstärkerstufe oder Verstärkern mit ungerader Stufenanzahl nur die Kollektorwechselspannung einer bestimmten Frequenz durch das Mitkopplungsglied genau um 180° in der Phase verschoben wird (Abb. 8.8a). Bei einem zweistufigen Verstärker oder Verstärkern mit gerader Stufenzahl wird die sogenannte Wienbrückenschaltung angewendet (Abb. 8.8b). Bei dieser Schaltung ist die Frequenzselektierung durch eine Phasenverschiebung nicht erforderlich. Die Mitkopplungsglieder sind so dimensioniert, daß nur die Oszillatorfrequenz mit maximaler Amplitude an die Basis zurückgeführt wird. Alle anderen Frequenzen ober- und unterhalb der Oszillatorfrequenz werden so stark bedämpft, daß sie keine ausreichende Steuerwirkung haben.

Die Fehlersuche an Oszillatorschaltungen ist nicht schwierig, insbesondere, wenn ein guter Nf-Generator und ein Zweistrahl-Oszillograf zur Verfügung stehen. Im wesentlichen kommen bei einem defekten Oszillator nur zwei grundsätzliche Fehlermöglichkeiten in Frage: Erzeugt der Oszillator kein Signal oder nur eines mit kleiner Amplitude, so ist die Fehlerursache eine zu geringe Verstärkung oder eine zu schwache Mitkopplung. Auch hier ist es sinnvoll, die Rückkopplung an einer Seite aufzutrennen und zuerst die Steuerwirkung und den Verstärkungsfaktor des Verstärkers zu überprüfen: Ist dabei kein Fehler festzustellen, so kann die Ursache nur an den Mitkopplungsgliedern bzw. an den frequenzbestimmenden Teilen liegen. Die Mitkopplungsschaltung kann mit den vorher erwähnten Meßgeräten separat auf ihre Frequenz, ihr Phasenverhalten und auf ihren Mitkopplungsfaktor untersucht werden, der auf jeden Fall kleiner sein muß als der gesamte Verstärkungsfaktor der Oszillatorstufe. Kann die Mitkopplungsschaltung nicht ausgemessen werden, müssen alle Bauteile einzeln auf ihre Funktion und Toleranz untersucht werden.

Erzeugt der Oszillator zu große Amplituden, durch die das Signal stark verzerrt, teilweise sogar begrenzt wird, dann sind die

Fehlerursachen zu große Verstärkung oder zu große Mitkopplung. Die Fehlersuche kann in derselben Reihenfolge wie zuvor beschrieben vorgenommen werden. Wird zu Beginn der Messung eine starke Frequenzänderung festgestellt, lasse man sich nicht irritieren, da auch eine fehlerhafte Verstärkerstufe die dynamischen Widerstände, Blind- und Scheinwiderstände der frequenzbestimmenden Glieder stark belasten und daher verändern kann.

Für den Praktiker

Abb. 8D zeigt den Schaltungsvorschlag für einen Oszillator, der bei einer Frequenz von etwa 800 Hz schwingt. Die frequenzbestimmenden Glieder, die gleichzeitig die Rückkopplung bilden, sind die Kondensatoren C 1, C 2, C 3 und die Widerstände R 3, R 4 sowie der Kollektorwiderstand R 5. Damit der Transistor an der Basis stromgesteuert wird, müssen die Widerstände R 3, R 4, R 5 und der Kollektorruhestrom möglichst groß sein. Durch das Potentiometer R 6 wird der Rückkopplungsstrom so eingestellt, daß die Signalform am Kollektor die geringsten Verzerrungen aufweist. Bedingt durch den einfachen Aufbau, läßt sich dabei eine Frequenzänderung nicht vermeiden.

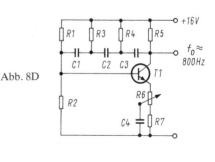

Abb. 8D

Bauteile

Kondensatoren
C 1 = 10 nF
C 2 = 10 nF
C 3 = 10 nF
C 4 = 50 µF/18 V; Elektrolytkondensator

152

Widerstände
R 1 = 56 kΩ ±10 %, 0,5 W
R 2 = 4,7 kΩ ±5 %, 0,5 W
R 3 = 10 kΩ ±1 %, 0,5 W
R 4 = 10 kΩ ±1 %, 0,5 W
R 5 = 10 kΩ ±1 %, 0,5 W
R 6 = 250 Ω, Trimmpotentiometer, 0,33 W
R 7 = 820 Ω ±10 %, 0,33 W

Transistor
T 1 = BC 109

Zum Selbsttesten

8.8 Wie wird eine Verstärkerstufe durch eine Gegenkopplung beeinflußt?
● Die Verstärkung wird größer.
● Die Verstärkung wird kleiner.
● Die unlineare Verstärkung des Signales wird größer.
● Die unlineare Verstärkung des Signales wird kleiner.

9 Lineare IC-Schaltungen

Einzelbauelemente, wie z. B. Transistoren und Dioden sind integriert, d. h. bei der Herstellung zu kompletten Schaltungsfunktionen zusammengefaßt. Dabei können bis zu 1 Million und mehr Halbleiterfunktionen auf einer Fläche von 1 mm^2 integriert werden.

Unter den vielen Herstellungstechniken der Mikroelektronik sind für den Anwender die monolithischen Schaltungen am bedeutendsten. Bei dieser Technik werden die Funktionen von Dioden, Widerständen und Kapazitäten sowie Transistoren auf der Fläche eines Siliziumplättchens untergebracht.

Nach diesem Verfahren werden folgende Integrierte Schaltungen (IS) gefertigt:

Bipolare Digitalschaltungen, dazu gehören die TTL-, DTL-, ECL-, LSL- und I^{2}L-Techniken.

Unipolare Digitalschaltungen (Metall-Oxid-Semiconductors) in den Techniken P-Kanal, N-Kanal und C-MOS.

Analoge Schaltungen oder lineare Schaltungen zur Verstärkung von analogen Signalen.

Die Gehäuse für integrierte Schaltungen werden in folgende Gruppen unterteilt:

TO5-Gehäuse nur für Operationsverstärker und nicht für bipolare oder unipolare Digitalschaltungen.

Flachgehäuse sind raumsparend aber relativ teuer und werden vor allem bei mehr als 16poligen IS verwendet. Z. B. Mikroprozessoren und Speicher.

Das Dual-In-Line-Gehäuse ist das Standardgehäuse für IS, sowohl für lineare Schaltungen, als auch für Digitalschaltungen.

In integrierter Technik werden lineare Schaltungen überwiegend aus Differenzverstärkern zusammengesetzt (vgl. Abschnitt

2.6). Der universellste Baustein ist der Operationsverstärker, auf dessen Schaltungsmerkmale in diesem Abschnitt näher eingegangen wird. Daneben gibt es noch Leistungsverstärker, z. B. Darlingtonverstärker (vgl. Abschnitt 2.6), Rundfunk- und Fernsehschaltungen sowie Nf-Verstärker und Spannungsregler.

9.1 Operationsverstärker

Abb. 9.1 zeigt das Schaltungssymbol eines Operationsverstärkers (Abk. OPV) und die Übertragungskennlinie (Ausgangsspannung U_a in Abhängigkeit von der Eingangsspannung U_e). Die Ausgangsspannung steigt proportional mit der Differenzklemmenspannung an den Eingängen an.

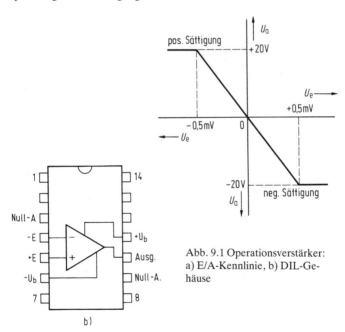

Abb. 9.1 Operationsverstärker: a) E/A-Kennlinie, b) DIL-Gehäuse

155

Die Steigung der Kennlinie im linearen Bereich ist ein Maß für die Leerlaufverstärkung A. Die Sättigungsspannung liegt kurz unterhalb der Versorgungsspannung U_{Batt}.

Als praktisches Beispiel sind als Eingangsgrenzspannung für den linearen Aussteuerbereich $\pm 0,5$ mV angegeben. Die Sättigungsspannung beträgt ± 20 V und entspricht der anliegenden Versorgungsspannung. Die Eingangskennwerte von OPV und Differenzverstärker sind identisch. Der mit „−" gekennzeichnete Eingang stellt den invertierenden Eingang dar, d. h. ein Signal an diesem Eingang erscheint am Ausgang mit umgekehrter Polarität. Der mit „+" gekennzeichnete Eingang ist nichtinvertierend, das Eingangssignal erscheint mit gleicher Polarität am Ausgang.

Der Eingangsstrom beträgt mindestens 10 nA. Rechnet man mit einer Eingangsspannung von 1 mV, ergibt sich der Eingangswiderstand zu:

$$R_e = \frac{U_e}{I_e} = \frac{1 \text{ mV}}{10 \text{ nA}} = 0,1 \text{ M}\Omega = 100 \text{ k}\Omega$$

Für überschlägige Berechnungen braucht der Eingangsstrom nicht berücksichtigt werden. Der Ausgangsstrom beträgt z. B. bei dem OPV-Typ 741 ca. 25 mA, bei einer Versorgungsspannung von ± 20 V und einem Innenwiderstand von ca. 75 Ω. Daraus läßt sich dann der Lastwiderstand R_L bestimmen:

$$R_L = \frac{U_{Batt}}{I_L} = \frac{20 \text{ V}}{25 \text{ mA}} = 0,8 \text{ k}\Omega$$

Ein weiterer wichtiger Kennwert ist die Spannungsverstärkung.

Die Leerlaufverstärkung A ist bei einem OPV sehr hoch. Sie erreicht Werte von A = 10 000...100 000fach. Im praktischen Einsatz werden diese Werte nicht benötigt. Für das Beispiel der Übertragungskennlinie nach Abb. 9.1a ergibt sich die Leerlaufverstärkung A aus dem Eingangssignal von $U_e = 0,5$ mV und der Sättigungsspannung $U_{satt} = 20$ V:

$$A = \frac{U_a}{U_e} = \frac{20 \text{ V}}{5 \text{ mV}} = 40\ 000\text{fach}$$

Da in diesem Beispiel als Versorgungsspannung ± 20 V anliegen, insgesamt also 40 V, die als Spannungshub am Ausgang zur Verfügung stehen, kann man z. B. aus der Leerlaufverstärkung A und der möglichen Ausgangsspannung U_a das erforderliche Eingangssignal ausrechnen:

$$U_e = \frac{U_a}{A} = \frac{40}{40\ 000} = 1 \text{ mV}$$

Das Ergebnis von $U_e = 1$ mV zeigt, daß dies der Eingangsspannung $\pm 0{,}5$ mV entspricht. Eine höhere Eingangsspannung würde den Verstärker übersteuern und das Ausgangssignal auf ± 20 V begrenzen.

Der OPV wird bei der Anwendung als linearer Verstärker nicht in der Sättigung betrieben, auch wird der hohe Verstärkungsgrad nicht gefordert, sondern auf geringere Werte durch eine Gegenkopplungsmaßnahme, die vom Ausgang auf den invertierenden Eingang führt, auf die gewünschten Werte reduziert.

Die Ausführung der Gegenkopplung und deren überschlägige Dimensionierung, soll an einigen gebräuchlichen Schaltungen dargestellt werden.

In *Abb. 9.2a* ist ein nichtinvertierender Verstärker dargestellt. Die Schaltung ist in diesem Beispiel für den OPV-Typ 741 im 14poligen DIL-Gehäuse vollständig dargestellt.

Außer der Versorgungsspannung ± 20 V, benötigt dieser OPV noch ein Potentiometer zum Abgleich der Ausgangsruhespannung auf $U_a = 0$ V. Dazu ist es erforderlich die Eingangsklemmen gegeneinander kurzzuschließen.

In den weiteren Schaltungsbeispielen werden diese einheitlichen Schaltungsmerkmale aus Gründen der Übersicht weggelassen. Die zu verstärkende Spannung liegt bei dieser Verstärkerschaltung am nichtinvertierenden Eingang.

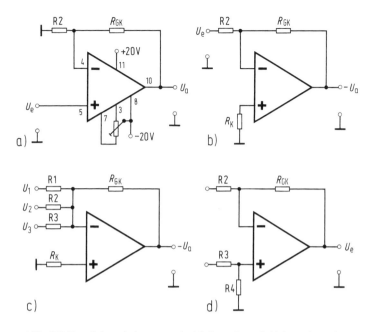

Abb. 9.2 Verstärkerschaltungen: a) nichtinvertierend, b) invertierend, c) summierend, d) Differenzverstärker

Die Gegenkopplung erfolgt durch den Widerstand R_{GK}, über den die Ausgangsspannung an den invertierenden Eingang mit Gegenpolarität zurückgeführt wird.

Es handelt sich hier um eine Spannungsgegenkopplung, deren Größe durch das Teilerverhältnis der beiden Widerstände R_{GK} und R 2 bestimmt wird.

Die Spannungsverstärkung ergibt sich daher aus:

$$v_u = \frac{R_{GK} + R\,2}{R\,2} = \frac{90\ k\Omega + 10\ k\Omega}{10\ k\Omega} = 10\text{fach}$$

Der invertierende Verstärker in Abb. 9.2*b* wird am invertierenden Eingang gesteuert. Die Spannungsverstärkung wird von dem Widerstandsverhältnis bestimmt:

$$-v_u = \frac{R_{GK}}{R\,2} = \frac{90\ k\Omega}{10\ k\Omega} = 9fach$$

Das Eingangssignal erscheint hier mit umgekehrter Polarität am Ausgang, daher das Minuszeichen vor v_u.

Durch die Widerstände R_{GK} und R 2 ergeben sich im invertierenden Eingang andere Eingangsströme als im nichtinvertierenden Eingang. Dies würde zu einer Spannungsablage am Ausgang führen.

Daher wird der nichtinvertierende Eingang vielfach mit einem Kompensationswiderstand R_K versehen, der die Eingangsströme symmetriert. Dieser Widerstand errechnet sich für das Spannungsbeispiel wie folgt:

$$R_K = \frac{R_{GK} \cdot R\,2}{R_{GK} + R\,2} = \frac{90\ k\Omega \cdot 10\ k\Omega}{90\ k\Omega + 10\ k\Omega} = 9\ k\Omega$$

Die Schaltung nach Abb. 9.2*c* zeigt den invertierenden Verstärker als Summenverstärker.

Der invertierende Eingang als Summierpunkt des OPV wird hierbei über mehrere Widerstände von mehreren Spannungen angesteuert. Die Ausgangsspannung dieses Verstärkers wird wie folgt errechnet:

$$U_a = -R_{GK} \left(\frac{U\,1}{R\,1} + \frac{U\,2}{R\,2} + \frac{U\,3}{R\,3} \right) = -90\ k\Omega$$

$$\left(\frac{1\ V}{10\ k\Omega} + \frac{-0,5\ V}{5\ k\Omega} + \frac{1,5\ V}{30\ k\Omega} \right) =$$

$$-90\ k\Omega\ [0,1 + (-0,1) + 0,05] = -90\ k\Omega \cdot 0,05 = -4,5\ V$$

Sofern R 1 = R 2 = R 3 gegeben ist, vereinfacht sich die Berechnung nach folgender Formel:

$$U_a = \frac{R_{GK}}{R} \cdot (U\,1 + U\,2 + U\,3)$$

Der OPV in Differenzverstärkerschaltung zeigt Abb. 9.2*d*. Der Verstärkungsfaktor wird hier ebenfalls durch das Widerstandsverhältnis von R_{GK} und R 2 bestimmt.

Für die Wirkungen der Eingangsspannungen gelten die gleichen Überlegungen wie für den Differenzverstärker.

Damit die Eingangsströme in beiden Eingängen gleich groß sind, wird im nichtinvertierenden Eingang die Wirkung des R_{GK} und R 2 im invertierenden Eingang durch die Widerstände R 3 und R 4 nachgebildet.

9.2 Spannungsregler

Die Halbleiterindustrie bietet eine Vielzahl von integrierten Spannungsreglern an mit hohen Glättungsfaktoren und integrierten Überlastungs- und Kurzschlußnetzen sowie für die unterschiedlichsten Leistungen und Spannungen. In den folgenden Abschnitten werden exemplarisch zwei Schaltungen vorgestellt.

In *Abb. 9.3* ist der einstellbare Spannungsregler 723 dargestellt. Der Baustein liefert geregelte und einstellbare Spannungen von 2 bis 37 V bei Ausgangsströmen bis zu 150 mA. Ein Operationsverstärker bildet aus den Spannungen U_{Ref} und U_{Ist} eine Differenzspannung. Der Verstärkungsfaktor des Operationsverstärkers bestimmt dabei im wesentlichen den Stabilisierungsfaktor.

Am Anschluß 6 des Spannungsreglers liegt die Referenzspannung von +7,15 V. Für eine Ausgangsspannung von $U_a > 7,15$ V kann die Referenzspannung direkt auf den nicht invertierenden (Anschluß 5) Eingang des Differenzverstärkers geschaltet werden (Abb. 9.3*c*). Für Ausgangsspannungen $U_a < 7,15$ V muß durch einen Spannungsteiler R_1, R_2 eine Teilspannung aus U_{Ref} gebildet werden. Die Ausgangsspannung U_a berechnet sich daher nach:

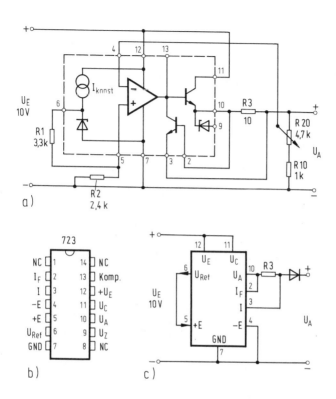

Abb. 9.3 a) Spannungsreglerschaltung, b) IC-Anschlüsse, c) Konstantstromquelle

$$U_a = U_{Ref} - \frac{R_1 + R_2}{R_2}$$

In Abb 9.3*a* ist die äußere Beschaltung des Reglerbausteins dargestellt.

Der Regelbereich der Ausgangsspannung U_a berechnet sich wie folgt:

161

$$U_{Ref} = \frac{R_2}{R_1 + R_2} = 7,15 \text{ V} \cdot \frac{2,4 \text{ k}\Omega}{5,7 \text{ k}\Omega} = 3 \text{ V}$$

$$U_a = U_{Ref} \cdot \frac{R_{10} + R_{20}}{R_{10}} = 3 \text{ V} \cdot \frac{1 \text{ k}\Omega + 4,7 \text{ k}\Omega}{1 \text{ k}\Omega} = 17,1 \text{ V}$$

$$U_a = 3 \text{ V} \cdot \frac{1 \text{ k}\Omega + 0}{1 \text{ k}\Omega} = 3 \text{ V}$$

(Einstellbereich zwischen 3 V und 17,1 V)

Die Mindestspannungsdifferenz $U_e - U_a > 3$ V muß zur Verfügung stehen. Die Strombegrenzung errechnet sich aus R_B und der Ansprechspannung $U_{an} = 0,7$ V:

$$I_{amax} = \frac{U_{an}}{R_B} = \frac{0,7 \text{ V}}{10 \text{ }\Omega} = 70 \text{ mA}$$

Die Spannungsregler können auch als einstellbare Konstant-stromquelle durch R_B verwendet werden. Die äußere Beschaltung hierzu zeigt Abb. 9.3c. Wenn der dem Spannungsregler zugeführte Istwert $U_{Ist} = 0$ V gesetzt wird, bildet der Differenzverstärker das Differenzsignal $U_{Ref} = 0$ V und verstärkt dieses. Dadurch wird die Regelspannung auf den Höchstwert eingestellt und der Längstransistor wird dadurch voll durchgesteuert. Mit dem Strombegrenzungswiderstand R_B kann der Konstantstrom auf den gewünschten Wert eingestellt werden. Für U_a (Ansprechspannung) wird immer 0,7 V eingesetzt.

Integrierte Festspannungsregler sind Konstantspannungsregler mit 3 Anschlüssen in den Gehäuseformen TO-41, TO-126 und TO-220.

Abb. 9.4a zeigt den Baustein 7805 AC in vollständiger Beschaltung.

Dieser Bausteintyp verfügt über einen Kurzschlußschutz, einen Schutz des Längstransistors und über eine thermische Abschaltung bei 150 °C. Der Baustein 7805 hat folgende Kennwerte:

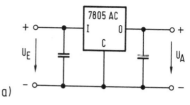

a)

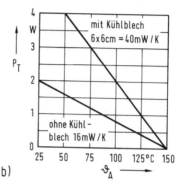

Abb. 9.4 a) Festspannungsregler, b) Leitungsdiagramm

b)

Ausgangsspannung $U_a = 5$ V;

Spannungsminderung bei 1 A: ca. 2 V als Minimum;

Ausgangsspitzenstrom: $I_a = 2,2$ A;

Kurzschlußstrom $I_{aK} = 750$ mA;

Netzregelung hält ein $\Delta U_a = 3$ mV bei U_e zwischen 7 und 25 V;

Lastregelung hält ein $\Delta U_a = 15$ mV bei I_a zwischen 5 mA und 1,5 A.

Der zulässige Ausgangsstrom ist von den Kühlbedingungen abhängig und von der Spannungsdifferenz $U_e - U_a$. Je größer diese Differenzspannung ist, um so geringer der Laststrom, da sich die Verlustleistung aus $P_{tot} = I_L \cdot (U_e - U_a)$ ergibt. Das Lastminderungsdiagramm in *Abb. 9.4b* zeigt die Verlustleistung in Abhängigkeit von zwei verschiedenen großen Kühlblechen.

163

Die Festspannungsregler gibt es für verschiedene Ausgangs-spannungen und Ausgangsströme. Außerdem wird zwischen Fest-spannungsreglern für positive und negative Spannungen unter-schieden. Die Bausteine mit der Serienbezeichnung 78XX sind für positive Betriebsspannungen einsetzbar. Die Bausteine mit der Serienbezeichnung 79XX für negative Spannungen.

Die jeweilige Ausgangsspannung ist durch die letzten zwei Ziffern der vierstelligen Zahl definiert. Die folgende *Tabelle 9.1* zeigt eine Übersicht über die gebräuchlichsten Typen und deren Kennwerte für einen Laststrom von $I_L = 1$ A.

Tabelle 9.1

Pos. Sp.	Kennwerte		Neg. Sp.
7805	5 V, 1 A	Plastikgehäuse TO 220	7905
7812	12 V, 1 A	Plastikgehäuse TO 220	7912
7815	15 V, 1 A	Plastikgehäuse TO 220	7915
7824	24 V, 1 A	Plastikgehäuse TO 220	7924
LM 5000	5 V, 3 A	Metallgehäuse TO 3	

9.3 Analog-Digital-Umsetzer

AD-Umsetzer-Bausteine benötigen für den praktischen Einsatz neben einigen Bauelementen, eine Stromversorgung und eine Referenzspannung. Am Beispiel eines AD-Umsetzers nach dem Integrationsverfahren (*Abb. 9.5*) werden die wesentlichsten Schaltungs- und Abgleichmaßnahmen erläutert. Entsprechend dem Datenblatt erhält der Baustein zwei Betriebsspannungen von ± 5 V gegen Bezugspotential.

Als Referenzquelle wird ein Referenzstrom von -20 µA gefor-dert. Dieser Strom wird durch einen Festspannungsregler (Typ 7905) und einen Vorwiderstand erzeugt. Der Widerstand R_v errechnet sich nach dem Ohmschen Gesetz:

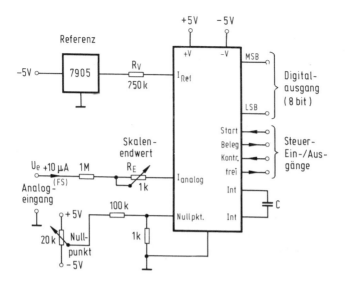

Abb. 9.5 AD-Umsetzer für unipolaren Betrieb

$$R_v = \frac{U_{ref}}{I_{ref}} = \frac{-5 \text{ V}}{-20 \text{ μA}} = 250 \text{ kΩ}$$

In den Gegenkopplungsweg des Integrators muß ein Kondensator mit C = 68 pF geschaltet werden, entsprechend der Angabe im Datenblatt. Der Nullpunkt und Verstärkungsabgleich erfolgt an den Anschlüssen „Analog" (invertierender Eingang des Integrators) und „Nullpunkt" (nichtinvertierender Eingang des Integrators). Nach den Angaben des Herstellers erzeugt ein Eingangsstrom von 10 μA Vollaussteuerung am Digitalausgang.

Für Eingangsspannungen von 0 bis 10 V errechnet sich der externe Eingangswiderstand R_e für den Verstärkereingang wie folgt (vgl. Abb. 9.5):

165

$$R_e = \frac{U_e}{I_e} = \frac{10\ V}{10\ \mu A} = 1\ M\Omega$$

Zuerst wird mit einem Potentiometer am Nullpunkteingang der Nullpunkt abgeglichen (Abb. 9.5). Die Einigungsspannung $U_e = 20\ mV$, die ½ LSB entspricht, wird mit dem Potentiometer so eingestellt, daß 0000 0000 gerade auf 0000 0001 wechselt.

Der Abgleich des Verstärkungsfaktors bestimmt den Skalenendwert (FS) mit dem Widerstand R_e. Hierzu wird der Wert auf $U_e = ½\ U_{FS} - ½$ LBS gebracht und der Widerstand R_e so eingestellt, daß gerade 0111 1111 auf 1000 0000 übergeht. Die Schaltung nach Abb. 9.5 digitalisiert nur den Betrag der Eingangsspannung.

Damit vorzeichenabhängige Eingangssignale verarbeitet werden, ist eine Schaltung nach *Abb. 9.6* erforderlich. In den Analogeingang muß hierzu ein zusätzlicher Dauerstrom von $I = 5\ \mu A$ eingespeist werden. Dieser Wert halbiert den Eingangsbereich.

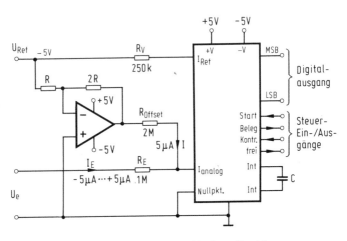

Abb. 9.6 AD-Umsetzer für bipolaren Betrieb

Aus einem Eingangssignal von $U_e = -5$ V resultiert ein Eingangsstrom $I_e = +5$ µA. Der Gesamtstrom ergibt sich dann zu $I_{ges} = 10$ µA. Die folgende *Tabelle 9.2* zeigt, wie das MSB-Signal zur Vorzeichenanzeige benutzt werden kann.

Tabelle 9.2

Unipolarer Betrieb			bipolarer Betrieb		
0	0,00 V	00000000	– FS	–5,00 V	0000000
1 LSB	+ 0,04 V	00000001	– (FS–1 LSB)	–4,96 V	0000000
½ FS	+ 5,00 V	10000000	0	0,00 V	1000000
FS–1 LSB	+ 9,96 V	11111111	+ (FS–1 LSB)	+4,96 V	1111111
FS	+10,00 V		+ FS	+5,00 V	

Der AD-Umsetzer verfügt über mehrere Steuerein- und -ausgänge, deren Funktion anhand von *Abb. 9.7* erläutert werden soll.

Der Eingang „Start" schaltet mit H-Pegel den AD-Umsetzer ein, L-Pegel stoppt den Umsetzer. Man spricht dabei von getakteter Betriebsart. Im ungetakteten Betrieb wird der Eingang auf H-Pegel gehalten. Am Ausgang „Beleg" zeigt der AD-Umsetzer durch Pegel H an, daß ein Umsetzungsvorgang stattfindet.

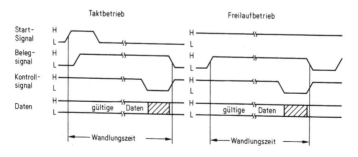

Abb. 9.7 Zeitlicher Funktionsablauf der Steuersignale

Der Ausgang „Kontr." zeigt gültige und ungültige Daten an. Geht dieser Ausgang vor Beendigung einer Umsetzung auf L-Pegel, wechseln die Daten am Ausgang und sind somit ungültig. Nach Beendigung einer gültigen Umsetzung zeigt der Kontrollausgang H-Pegel an.

Über den Eingang „Frei" können die digitalen Tristate-Ausgänge durch H-Pegel in Hochimpedanz-Zustand versetzt werden. Die Wortlänge eines AD-Umsetzers nennt die Anzahl der Bits und bestimmt damit den Auflösungsgrad. Die Auflösung ist der Wert der kleinstmöglichen Spannungsänderung, die von einem AD-Umsetzer unterschieden werden kann:

$$1 \text{ LSB} = \frac{\text{Endwert (FS)}}{2^n}, \quad \begin{array}{l} \text{FS} = \text{Full (scale);} \\ \text{n} = \text{Anzahl der Bits;} \end{array}$$

$$1 \text{ LSB} = \frac{10 \text{ V}}{2^8} = \frac{10 \text{ V}}{250} = 0{,}04 \text{ V}.$$

Skala	+10 V (FS)	unipolar binär
0	0,00 V	0000 0000
+1 LSB	+0,04 V	0000 0001
+1/8 LSB	+1,25 V	0010 0000
+1/4 LSB	+2,50 V	0100 0000
+1/2 LSB	+5,00 V	1000 0000
+3/4 LSB	+7,50 V	1100 0000
+FS − 1 LSB	+9,96 V	1111 1111
+FS	+10,00 V	

Für einen Umsetzer im BCD-Code gilt:

$$1 \text{ LSD} = \frac{\text{FS}}{10^d}, \quad \text{d} = \text{Anzahl der dezimalen Ziffern;}$$

$$1 \text{ LSD} = \frac{10 \text{ V}}{10^2} = 0{,}1 \text{ V}.$$

Skala	+10 V (FS)	BCD	
		2. Ziff.	1. Ziff.
+0	0,0 V	0000	0000
+1 LSD	+0,1 V	0000	0001
+¼ FS	+2,5 V	0010	0101
+½ FS	+5,0 V	0101	0000
+¾ FS	+7,5 V	0111	0101
+FS − 1 LSD	+9,9 V	1001	1001
+FS	+10,0 V		

Der Quantisierungsfehler ist systembedingt und beträgt in der Regel ±½ LSB.

Bei vertretbarem Schaltungsaufwand ist es nicht möglich, vom digitalen Ausgangswert auf den genauen analogen Eingangswert zu schließen, es bleibt eine Entscheidungsunsicherheit, wie dies Abb. 9.8 veranschaulicht.

Die differentielle Nichtlinearität von max. ±½ LSB stellt sicher, daß keine fehlenden Codes auftreten. Aus der idealen

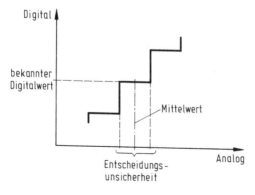

Abb. 9.8 Quantisierungsfehler

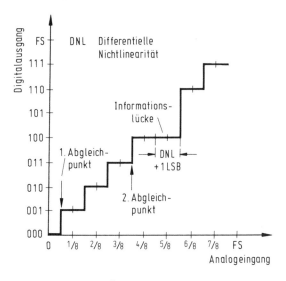

Abb. 9.9 Übertragungskennlinie

Übertragungskennlinie in *Abb. 9.9* ist zu ersehen, daß immer eine Eingangsspannungsänderung von 1 LSB erforderlich ist, um den benachbarten Digitalwert zu erreichen. Die differentielle Nichtlinearität gibt an, welche zusätzliche Eingangsspannungsänderung (+ oder −) maximal aufgebracht werden muß, damit der Digitalausgang auf den benachbarten Digitalwert umschaltet. Ist für jeden Übergang auf den benachbarten Digitalwert eine Eingangsspannungsänderung von 1 LSB nötig, ist die differentielle Nichtlinearität gleich Null. Abb. 9.9 zeigt, wie durch eine differentielle Nichtlinearität von 1 LSB eine Informationslücke entsteht, in der der Code 101 ausfällt. Bei kontinuierlicher Erhöhung der analogen Eingangsspannung springt der Digitalwert am Ausgang von 100 auf 110.

Der TK-Wert der Verstärkung bezieht sich auf den Endwert des Eingangsbereiches. 50 ppm/°C bedeuten, daß bei einer Temperaturänderung von z. B. $-10\,°C$ auf $+65\,°C = 75\,K$ ein Fehler von

$$75\,K \cdot 50\,\text{ppm/°C} = 75 \cdot \frac{50}{1\,000\,000} = 0{,}775\,\%$$

auftreten kann.

Da z. B. bei einem 8-Bit-Umsetzer 1 LSB $= \frac{1}{2}^8 = \frac{1}{256} = 0{,}4\,\%$ beträgt, muß der mögliche Temperaturfehler von ca. 1 LSB zur Genauigkeit hinzu addiert werden. die Umsetzzeit ist der Kehrwert der Umsetzrate. Es ist die Zeit, die ein AD-Umsetzer benötigt, bis die anliegende analoge Information in einen Digitalwert umgesetzt worden ist.

Für den Praktiker

Abb. 9A zeigt einen Universalverstärker für die verschiedensten Experimentierzwecke.

Der Eingang des Verstärkers läßt sich mit dem Schalter S 1 wahlweise auf kapazitive oder galvanische Kopplung umschalten. Mit dem Schalter S 2 können die beiden Eingänge an Masse gelegt, bzw. getrennt werden. Der Widerstand R 5 bestimmt zusammen mit den durch die Schalterebene S 3a umschaltbaren Gegenkopplungswiderständen R 7, R 8 und R 9 den Verstärkungsfaktor ($\times$ 1, $\times$ 10, $\times$ 100). Der gleiche Spannungsteiler befindet sich am nichtinvertierenden Eingang, der durch die Schalterebene S 3b umgeschaltet wird. Mit dieser Verstärkungsumschaltung wird eine hohe Gleichtaktunterdrückung erreicht. Der Widerstand R 6 dient zur Symmetrierung der Ausgangsstufe.

Mit dem Widerstand R 12 in der Ausgangsstufe lassen sich Amplitudendifferenzen zwischen positiver und negativer Halbwelle ausgleichen. Der PTC-Widerstand R 13 ist als Schutzwiderstand für den Ausgangsverstärker eingesetzt.

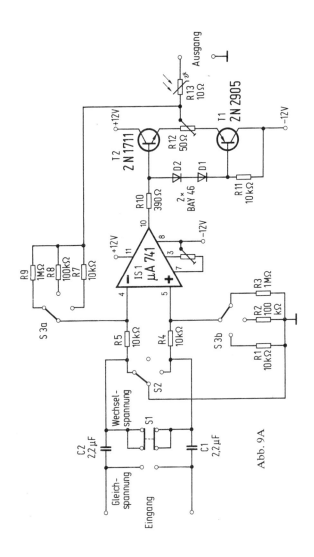

Abb. 9A

Zur Stromversorgung können zwei Festspannungsregler eingesetzt werden (siehe Tabelle 9.1 in Abschnitt 9.2).

Zum Selbsttesten

9.1 Welcher Widerstand muß mit dem Schalter S 3 in *Abb. 9a* eingeschaltet sein, damit die Spannungsverstärkung $v_u = 10$ beträgt?
● R 9
● R 8
● R 7

9.2 Welche Aufgaben haben die Widerstände R 1, R 2, und R 3 in *Abb. 9a?*
● Die Offsetspannung zu kompensieren
● Die Spannungsverstärkung zu stabilisieren
● Die Belastung der Eingänge zu symmetrieren

9.3 In welcher Stellung des Schalters S 1 kann der Verstärker nach *Abb. 9a* eine Wechselspannung übertragen, bzw. verstärken?
● Nur in der Stellung „Gleichspannung"
● Nur in der Stellung „Wechselspannung"
● In beiden Stellungen

10 Digitale IC-Schaltungen

Die symbolische Darstellung, z. B. der NICHT-Logik in Abb.
2.31 als „Funktionsbox" wird bei integrierten Digitalschaltungen
grundsätzlich gehandhabt. Es kommt hier nicht mehr auf die
Einzelfunktionen in den integrierten Baustufen an, sondern auf
die Gesamtfunktion, d. h. Eingangs- und Ausgangsfunktionen.
Aus den zahlreichen Schaltungsfamilien werden hier als Beispiele
die TTL-Technik und die CMOS-Technik als die bedeutendsten
Gruppen angeführt.

10.1 Funktionskennwerte von TTL-ICs

Integrierte Schaltungen der TTL-Serie (Transistor-Transistor-
Logik) haben sehr schnelle Schaltzeiten. Ihr Nachteil ist die hohe
Stromaufnahme und die geringe Toleranzgrenze der Betriebs-
spannung.

Abb. 10.1a zeigt als Beispiel die Innenschaltung einer Inverterstufe aus den in Abb. 10.1*b* dargestellten IC 7404 mit sechs
integrierten Inverterfunktionen im 14poligen DIL-Gehäuse. Für
die TTL-Serie werden folgende Angaben über Spannungspegel
und Eingangs-Ausgangs-Belastungen gemacht:

Abb. 10.2 zeigt die an den Ein- und Ausgängen zulässigen
Spannungspegel. Der Vergleich von Eingangs- und Ausgangspegel zeigt, daß die binären L- und H-Pegel für den Eingang in
einem etwas größeren Toleranzbereich liegen als für den Ausgang. Daraus resultiert für den H-Pegel ein Störabstand und
damit ein Sicherheitsabstand von 0,4 V zwischen Eingang und
Ausgang. Die Ausgangsbelastbarkeit einer TTL-Schaltung wird
als „Fan-out" bezeichnet und sagt aus, wieviel TTL-Eingänge an

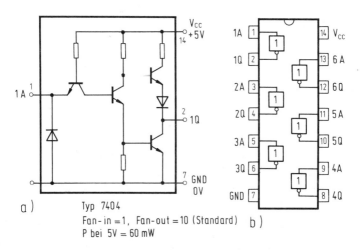

Abb. 10.1 a) TTL-Schaltung, b) 6fach Inverter 7404

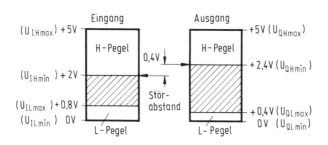

Abb. 10.2 H- und L-Pegel für TTL-Schaltungen

einem TTL-Ausgang angeschlossen werden können, ohne daß der in Abb. 10.2 definierte Störabstand unterschritten wird.

Der TTL-Eingang hat in der Regel einen Belastungsfaktor „Fan-in" von 1 (*Abb. 10.3*), manche Schaltungen auch 2 bis 3.

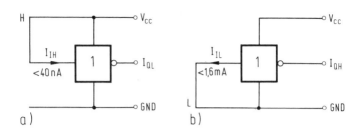

Abb. 10.3 TTL-Eingangsströme: a) H-Pegel, b) L-Pegel

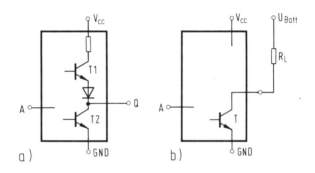

Abb. 10.4 TTL-Ausgangsstufen: a) Gegentakt, b) Open-Kollektor

Fan-In wird bei I_{IL} definiert. Bei Fan-out 10 wird bei $I_{IL} = 1{,}6\,\text{mA}$ die Strombelastung am Ausgang $1{,}6\,\text{mA} \times 10 = 16\,\text{mA}$. Durch die Angabe der Lastfaktoren wird die Bestimmung der zulässigen Belastung innerhalb der TTL-ICs möglich. Die TTL-ICs werden mit drei verschiedenen Ausgangsfunktionen hergestellt:

Der Gegentaktausgang in *Abb. 10.4a* ist der Standard-TTL-Ausgang. Gegentaktausgänge dürfen nicht miteinander verbunden werden, da sonst Kurzschlüsse entstehen.

Wenn z. B. in IC 1 Transistor T 2 leitend (L-Pegel am Ausgang) ist und in IC 2 Transistor T 1 (H-Pegel am Ausgang), dann fließt in den leitenden Transistoren ein unbegrenzter Strom, der zur Zerstörung dieser Stufen führen würde. Nur die Parallelschaltung von Ein- und Ausgängen zweier Gatter mit gleichen Schaltfunktionen, zur Erhöhung des Fan-out, ist möglich.

Der „Open-Kollektor"-Ausgang in Abb. 10.4*b* ermöglicht die Parallelschaltung mehrerer Ausgänge von TTL-ICs. Die gemeinsame Ausgangsspannung geht nur dann auf H-Pegel, wenn jeder einzelne Ausgang diese Bedingung erfüllt. Bei positiver Schaltlogik entspricht dies einer UND-Bedingung für die zusammengeschalteten Gatter. Diese Zusammenschaltung wird daher auch als „Wired-AND" bezeichnet. Für den Ausgangstransistor der „Open-Kollektor-ICs" werden höhere Betriebsspannungen zugelassen, bis zu 60 V.

Tri-state-ICs haben abschaltbare Gegentaktausgänge. Ihre Funktion wird in Abschnitt 11 beschrieben. Berechnungsbeispiel für Lastwiderstand im Open-Kollektor-Ausgang:

Max. Versorgungsspannung +15 V
Betriebsspannung +12 V
Fan-out 25

$$R_L = U_{BAT} - U_{IL}/I_L = 12 \text{ V} - 0,8 \text{ V}/25 \text{ mA} = 448 \approx 470 \text{ }\Omega$$

10.2 Funktionskennwerte von CMOS-ICs

CMOS-Schaltungen sind aus MOS-FETs (Anreicherungstyp) aufgebaut, und haben eine wesentlich geringere Stromaufnahme als TTL-Schaltungen. Die Schaltzeiten sind aber länger. Die Ausgangsstufen der CMOS-Bausteine bestehen aus einem P-Kanal- und N-Kanal-Transistor (*Abb. 10.5*), die mit den Drainanschlüssen miteinander verbunden sind. Dadurch erhält jeder Transistor

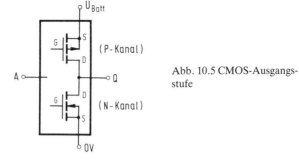

Abb. 10.5 CMOS-Ausgangs-
stufe

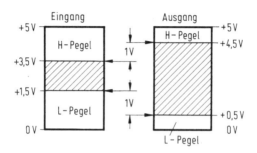

Abb. 10.6 H- und L-Pegel für CMOS

die richtige Polarität der Betriebsspannung. In beiden binären
Zuständen ist jeweils ein Transistor leitend und der andere gesperrt.

Die Betriebsspannung kann bei CMOS-Schaltungen zwischen
3 V und 15 V betragen. In *Abb. 10.6* sind die Ein- und Ausgangs-
spannungen für 5 V Betriebsspannung dargestellt. Der Störabstand für den H- und den L-Pegel zwischen Eingang und Ausgang
beträgt jeweils 1 V.

CMOS-Eingänge nehmen im statischen Betrieb praktisch keinen Strom auf, so daß das Fan-out in dieser Betriebsart sehr hoch

ist und daher nicht berücksichtigt werden braucht. CMOS-Eingänge haben nur eine kapazitive Last von ca. 5 pF. Mit zunehmender Belastung werden durch die Aufladung der Kapazitäten die Schaltzeiten länger.

Mit einem CMOS-Ausgang können max. zwei TTL-Eingänge gesteuert werden. Zur Ansteuerung größerer TTL-Lasten müssen Leistungstreiber dazwischen geschaltet werden.

10.3 Logische Grundschaltungen

Alle Bauelemente mit binärem Verhalten haben zwei komplementäre Schaltzustände. Dies sind außer den uni- und bipolaren Transistoren auch Vierschichtelemente, Thyristoren, Relais und Schaltkontakte. Jedes digitale Schaltnetz läßt sich aus einer Kombination von Schaltgliedern (Arbeits- und Ruhekontakte) aufbauen. Die Kontakte sind die Schaltervariablen A, B, C, ... (*Abb. 10.7*), das Verknüpfungsglied ist die Verknüpfungsfunktion.

Die Wirkungsweise binärer Informationen verarbeitender Systeme beruht auf der Verknüpfung von binär dargestellten Nachrichten verschiedener Herkunft und vorher unbekannter Informationen; d. h. von bekannten Eingangsgrößen zu neuen Ausgangsgrößen. Diese Verknüpfungen können nach sehr komplizierten Gesetzen erfolgen. Sie bauen aber stets auf einigen Grundverknüpfungen, bzw. Schaltungen auf, die allen digitalen Größen gemeinsam sind.

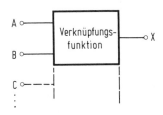

Abb. 10.7 Symbolische Darstellung eines Schaltnetzes

Unabhängig von der im einzelnen unterschiedlichen technischen Realisierung solcher Verknüpfungsschaltungen hat man Darstellungsformen entwickelt, die die Funktion einer digitalen Schaltung beschreiben. Mit diesen Darstellungen gelingt es, auch komplizierte Anordnungen einer anschaulichen Betrachtungsweise zugänglich zu machen. Diese Darstellungen sind:

- Die Schaltungsalgebra, die von C. E. Shannon auf die Behandlung von Schaltkreisen übertragene symbolische Logik, die von G. Boole aus der formalen Logik abgeleitet worden war. Mit Hilfe dieser Boole'schen Algebra lassen sich logische Schaltkreise methematisch darstellen sowie gewünschte Verknüpfungen durch algebraische Rechenoperationen ableiten.
- Grafische Verfahren zur Darstellung binärer Verknüpfungen z. B. Karnangh-Diagramme.
- Die geometrische Symboldarstellung, die die logischen Verknüpfungen durch geometrische Zeichen darstellt und damit übersichtliche Stromlaufpläne auch für umfangreiche binäre Systeme ermöglicht.

Die Darstellung sagt grundsätzlich nichts über die technische Realisierung, wie z. B. Bauelemente, Spannungen, Ströme, Software aus und ist somit in jedem Fall anwendbar. Sie setzt nicht einmal ein elektrisches System voraus, sondern ist ebenso auf ein mechanisches, pneumatisches oder anderes logisches informationsverarbeitendes System anwendbar.

Logische Grundschaltungen und Schaltnetze sind statische Verknüpfungen, d. h. sie sind dadurch gekennzeichnet, daß sie keine Speichereigenschaften besitzen. Das bedeutet, daß das Ausgangssignal nur so lange zur Verfügung steht, wie auch die Eingangssignale anstehen.

In diesem Abschnitt werden die Verknüpfungsglieder in ihrem Symbol und ihren Funktionsgleichung vorgestellt. Außerdem werden ein oder zwei Schaltungsbeispiele mit handelsüblichen Schaltungen mit den dazu branchenüblichen, bzw. spezifischen Bezeichnungen dargestellt.

UND-Verknüpfung

Eine Konjunktion liegt dann vor, wenn beide Eingangsvariablen A und B den Binärwert H aufweisen müssen, damit auch der Ausgang $Y \triangleq H$ wird. Diese Aussage wird durch die Funktionstabelle in *Abb. 10.8a* verdeutlicht. A und B sind zwei Eingangsvariable, die unabhängig voneinander L oder H sein können. Die Ausgangsvariable Y kann ebenfalls nur L oder H sein. In der linken Hälfte der Tabelle sind die möglichen Kombinationen der Eingangsvariablen A und B angegeben. Bei zwei Eingangsvariablen sind dies $2^2 = 4$ mögliche Kombinationen. Der rechten Spalte von den Eingängen wird dabei die Einerwertigkeit zugeordnet ($B = 2^0$), der linken Spalte die Zweierwertigkeit ($A = 2^1$).

Daher wechselt der Binärzustand von B bei jeder Zeile, der Binärzustand von A bei jeder zweiten Zeile. Aus der Funktionstabelle ist ersichtlich, daß beide Eingänge A und B Pegel H aufweisen müssen, damit auch der Ausgang Y den Pegel H erhält. Dieser logische Zusammenhang kann auch durch eine logische Gleichung ausgedrückt werden.

$Y = A\&B$ »$A \cdot B$« »$A \wedge B$« »AB« (lies: Y = A UND B)

Die rechts davon stehenden Verknüpfungen geben verschiedene Darstellungsarten an. Die UND-Verknüpfung wird auch durch das Multiplikationszeichen ($A \cdot B$) oder durch eine aufwärts zeigende Spitze ($A \wedge B$) dargestellt. Die verkürzte Schreibweise sieht überhaupt kein Verbindungszeichen vor (AB). In *Abb. 10.8a* ist das Symbol für die logische Grundverknüpfung UND sowie die Eingangs- und der Ausgangspegel dargestellt.

In Abb. 10.8*b* wird der Baustein 7408 mit vier Konjunktionsgliedern dargestellt.

Ein Schaltungsbeispiel mit vier UND-Funktionen zeigt Abb. 10.8*c*. Durch die Zusammenschaltung wird eine UND-Funktion mit fünf Eingängen gewonnen. Die Einzelfunktionen können in einen Übersichtsplan vereinfacht durch ein Symbol mit fünf Eingängen dargestellt werden.

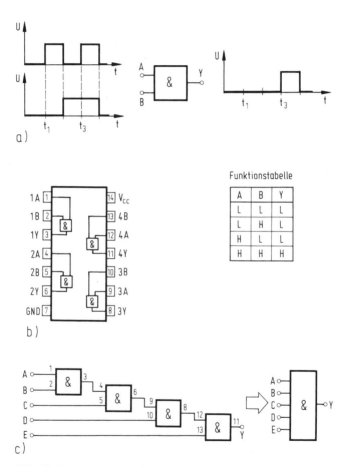

Abb. 10.8 UND-Schaltung: a) Eingangs-Ausgangs-Funktion, b) Anschlußbezeichnung, c) Schaltungsbeispiel

ODER-Verknüpfung

Für eine ODER-Verknüpfung ist der Ausgangspegel $Y \triangleq H$ dann gegeben, wenn mindestens der Eingang A oder B oder beide Eingänge den Zustand H aufweisen. Dies ist aus der Funktionstabelle in *Abb. 10.9a* ersichtlich.

Bei drei Kombinationsmöglichkeiten ergibt sich am Ausgang Y der Pegel H. Nur wenn beide Eingänge Pegel L aufweisen, zeigt auch der Ausgang Y Pegel L. Die Verknüpfungsgleichung lautet daher:

$$Y = A \vee B \; \text{»A + B«} \quad \text{(lies: Y = A ODER B)}$$

Die ODER-Verknüpfung wird mit dem Disjunktionszeichen oder (rechte Darstellung) mit dem algebraischen Additionszeichen dargestellt. Beide Darstellungsformen sind üblich.

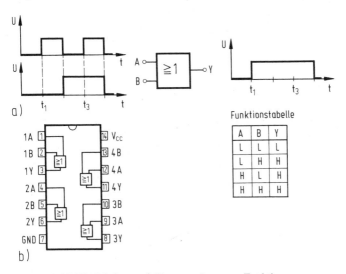

Funktionstabelle

A	B	Y
L	L	L
L	H	H
H	L	H
H	H	H

Abb. 10.9 ODER-Schaltung: a) Eingangs-Ausgangs-Funktion, b) Anschlußbezeichnung, c) Schaltungsbeispiel

In Abb. 10.9a ist das Symbol des ODER-Gliedes und die dazugehörigen Pegelwerte dargestellt. In Abb. 10.9b wird der Baustein 7432 mit vier Disjunktionsgliedern dargestellt.

Konjunktion und Disjunktion sind duale logische Funktionen. Die auf das Eintreten des Ereignisses (Variablen ≙ H) bezogene Konjunktion stellt eine auf das Nichteintreten des Ereignisses (Variablen ≙ 0) bezogene Disjunktion dar und umgekehrt. Aus den Tabellen ist zu ersehen, daß die Ausgangsvariable bei der Konjunktion nur dann H ist, wenn alle Eingangsvariablen H sind. Der Ausgang der Disjunktion ist nur dann L, wenn alle Eingänge L sind. Bei der Konjunktion dominiert der L-Pegel, bei der Disjunktion der H-Pegel.

In der integrierten Schaltungstechnik haben sich Kombinationen der Grundfunktionen, sogenannte abgeleitete Funktionen, zu Standard-Verknüpfungsschaltungen entwickelt, die in den nachfolgenden Abschnitten beschrieben werden.

NAND-Verknüpfung

Die NAND-Funktion ist die Abkürzung für NOT AND (NICHT UND). Dieses Verknüpfungsglied ist eine UND Verknüpfung mit negiertem (invertiertem) Ausgang. Der Vergleich der Funktionstabelle von UND und NAND zeigt, daß der Ausgang der NAND-Verknüpfung die komplementären Werte der UND-Verknüpfung annimmt. Der Ausgang ist nur dann auf Pegel L, wenn beide Eingänge Pegel H aufweisen. Die logische Gleichung bringt die Negierung des Ausgangs ebenfalls zum Ausdruck:

$$Y = \overline{A \wedge B} \text{ (lies: Y = A UND B NICHT)}$$

Abb. 10.10a zeigt das Symbol und die Pegeldiagramme. In Abb. 10.10b ist ein IC mit vier NAND-Gliedern dargestellt. Der Baustein ist unter der Typenbezeichnung 7400 bekannt.

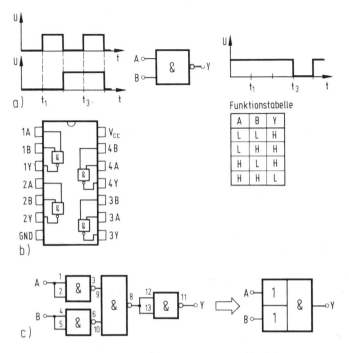

Abb. 10.10 NAND-Schaltung: a) Eingangs-Ausgangs-Funktion,
b) Anschlußbezeichnung, c) Schaltungsbeispiel

Das Schaltungsbeispiel in Abb. 10.10c zeigt die Zusammenschaltung der vier NAND-Verknüpfungen. Die Funktion ergibt
eine invertierte ODER-Funktion. Mit den ersten zwei Funktionen werden die Eingänge negiert. Das dritte NAND wird am
Ausgang durch das vierte NAND ebenfalls negiert, so daß sich
eine UND-Funktion mit negierten Eingängen ergibt. Die rechte
Darstellung in Abb. 10.10c zeigt diese Funktion vereinfacht dargestellt.

NOR-Verknüpfung

Eine weitere abgeleitete integrierte logische Grundschaltung ist die NOR-Funktion (*Abb. 10.11a*). NOR ist die Abkürzung für NOT OR (NICHT ODER). Bei dieser Verknüpfungsschaltung ist einer ODER-Funktion eine NICHT-Funktion nachgeschaltet. Daraus resultiert die Funktionstabelle in Abb. 10.11a und die logische Gleichung:

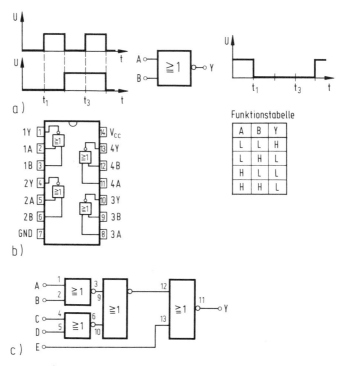

Funktionstabelle

A	B	Y
L	L	H
L	H	L
H	L	L
H	H	L

Abb. 10.11 NOR-Schaltung: a) Eingangs-Ausgangs-Funktion, b) Anschlußbezeichnung, c) Schaltungsbeispiel

186

$Y = \overline{A \lor B}$ (lies: Y = A ODER B NICHT)

Der Ausgang ist nur H, wenn beide Eingänge Pegel L aufweisen. In Abb. 10.11b ist ein IC mit vier NOR-Gliedern dargestellt. Der Baustein ist unter der Typenbezeichnung 7402 bekannt.

Alle bisher vorgestellten Logikfunktionen gibt es außer in den Standard-Ausführungen noch in den verschiedensten Funktionsvarianten.

Die NOR-Funktion ist z. B. mit je vier Eingängen und Strobe-Funktion unter der Typenbezeichnung 7423 erhältlich.

Weiterhin gibt es die einzelnen Funktionsarten mit offenem Kollektor, wie z. B. der Typ 7433. Abb. 10.11a zeigt wiederum eine Schaltungsvariante, die aus den vier NOR-Funktionen eines IC besteht. Durch die fünf Eingänge ergeben sich 32 Kombinationsmöglichkeiten ($E = 2^0$, $D = 2^1$, $C = 2^2$, $B = 2^3$, $A = 2^4$). Wenn alle Eingänge Pegel L aufweisen, geht der Ausgang Y auf Pegel H. Bei der nächsten Kombination ($E = H$, A bis $D = L$) ergibt sich am Ausgang Y der Pegel L. Mit jedem Kombinationswechsel entsprechend der Wertigkeit der Eingänge wechselt der Ausgang auf Pegel H bzw. Pegel L.

In den folgenden Abschnitten werden zusammengesetzte Funktionen erläutert.

ANTIVALENZ-Verknüpfung

Die ANTIVALENZ-Verknüpfung ist geläufiger unter der Bezeichnung „EXKLUSIV-ODER" bekannt. Aus der Tabelle in *Abb. 10.12a* ist zu ersehen, daß diese Logik-Verknüpfung nur dann Pegel H am Ausgang abgibt, wenn an den Eingängen A und B komplementäre Pegel anstehen.

Sind beide Eingänge mit gleichen Pegeln belegt, wobei es gleichgültig ist, ob beide Eingänge zu gleicher Zeit Pegel H oder

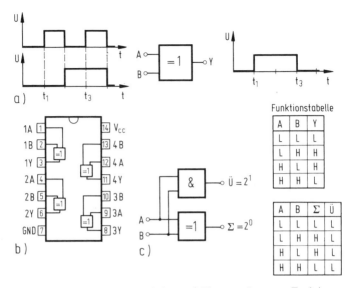

Abb. 10.12 ANTIVALENZ-Schaltung: a) Eingangs-Ausgangs-Funktion,
b) Anschlußbezeichnung, c) Schaltungsbeispiel

Pegel L führen, liegt am Ausgang Pegel L. Die logische Gleichung lautet:

$$Y = \overline{A} \wedge B \vee \cdot A \wedge \overline{B} \text{ (lies: Y = A NICHT UND B ODER A UND B NICHT)}$$

In Abb. 10.12*b* ist ein IC mit vier EXKLUSIV-ODER-Funktionen dargestellt. Der Baustein ist unter der Typenbezeichnung
7486 gekennzeichnet.

Das Schaltungsbeispiel (Abb. 10.12*c*) zeigt eine EXKLUSIV-
ODER-Funktion in Verbindung mit einer UND-Funktion als
Halbaddierer-Schaltung. Die Schaltung kann zwei einstellige

188

Dualzahlen addieren (vgl. Funktionstabelle), Operand A und B. Das Ergebnis wird über den Summenausgang und den Übertrag Ü angezeigt.

Die erste Zeile übersetzt, ergibt: $0 + 0 = 0$
Die zweite Zeile übersetzt, ergibt: $0 + 1 = 1$
Die dritte Zeile übersetzt, ergibt: $1 + 0 = 1$
Die vierte Zeile übersetzt, ergibt: $1 + 1 = 2$

In der vierten Zeile wird der Übertrag mit der Wertigkeit $2^1 = 2$ angezeigt. Der Summenausgang $2^0 = 0$.

ÄQUIVALENZ-Verknüpfung

Die ÄQUIVALENZ-Funktion zeigt umgekehrt logisches Verhalten zur ANTIVALENZ-Verknüpfung. Aus der Tabelle und dem Pegeldiagramm für die Eingangs- und Ausgangsvariablen in *Abb. 10.13a* ist ersichtlich, daß bei ungleichen bzw. komplementären Eingangspegeln A und B der Ausgang Pegel L aufweist und bei

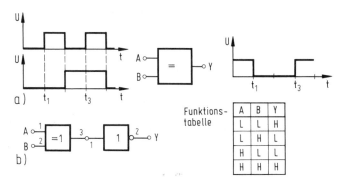

Funktions- tabelle	A	B	Y
	L	L	H
	L	H	L
	H	L	L
	H	H	H

Abb. 10.13 ÄQUIVALENZ-Schaltung: a) Eingangs-Ausgangs-Funktion, b) Schaltungsbeispiel

189

gleichen Pegeln H oder L am Ausgang H erscheint. Die Gleichung lautet daher:

$$Y = A \wedge B \vee \overline{A} \wedge \overline{B}$$

Für diese Funktion gibt es keinen integrierten Baustein. Diese Funktion läßt sich aber durch Zusammenschalten einer ANTI-VALENZ-Funktion und einer NEGATION am Ausgang, wie dies Abb. 10.13*b* zeigt, nachbilden.

Verknüpfungen mit mehr als zwei Variablen sind eine sinngemäße Erweiterung der Verknüpfungen mit zwei Variablen. Daher ergibt sich am Ausgang Pegel H, wenn:

– Alle Eingänge Pegel L haben (UND)
– Ein beliebiger Eingang Pegel H hat (ODER)
– Alle Eingänge Pegel L haben (NOR)
– Ein beliebiger Eingang Pegel L hat (NAND)
– Alle Eingänge gleich sind (ÄQUIVALENZ)
– Nicht alle Eingänge gleich sind (ANTIVALENZ).

Zum Selbsttesten

10.1 Eine UND-Schaltung hat an den Eingängen die in *Abb. 10A* dargestellten Signalfolgen. Der Signalverlauf am Ausgang ist einzuzeichnen.

10.2 Die logischen Grundschaltungen können alle aus NAND-Funktionen aufgebaut werden. In die folgende *Tabelle 10.1* sind die Funktionen der Grundschaltungen durch NAND-Funktionen zu setzen:

Tabelle 10.1

Bezeichnung	Symbol	aufgebaut aus NANDs
NICHT-Logik	A $-\boxed{1}\!\circ-$ Q	
UND-Logik	A $-$ $\boxed{\&}$ $-$ Q B $-$	
ODER-Logik	A $-$ $\boxed{\geqq 1}$ $-$ Q B $-$	
NAND-Logik	A $-$ $\boxed{\&}\!\circ-$ Q A $-$	
NOR-Logik	A $-$ $\boxed{\geqq 1}\!\circ-$ Q B $-$	

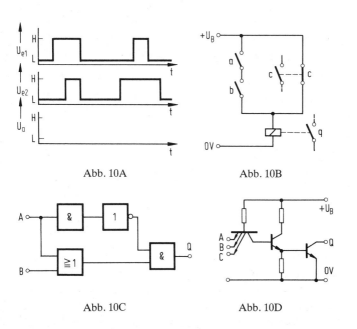

Abb. 10A

Abb. 10B

Abb. 10C

Abb. 10D

191

10.3 Eine Sortiermaschine sortiert runde und eckige Schachteln und stellt sie immer paarweise zusammen. Jedesmal, wenn zwei runde oder zwei eckige Schachteln gefunden sind, soll eine Lampe „sortiert" aufleuchten. Welche Logikschaltung kann diesen Überwachungsvorgang übernehmen?

10.4 Welche Logikschaltung muß angewendet werden, wenn in Aufgabe 10.3 eine falsche Sortierung angezeigt werden soll?

10.5 Durch welche Logikschaltung kann die ODER-Schaltung in ihrer Funktion ersetzt werden?

10.6 Durch welche Logikschaltung kann die NOR-Schaltung in ihrer Funktion ersetzt werden?

10.7 Welcher Logikschaltung entspricht die Relaisschaltung in *Abb. 10B*? Die Funktion ist durch Logiksymbole darzustellen.

10.8 Durch welche Grundschaltung kann die Logikschaltung in *Abb. 10C* ersetzt bzw. vereinfacht dargestellt werden?

10.9 Für die Schaltung in Abb. 10C ist die Funktionstabelle auszufüllen.

10.10 Welche Logikfunktion hat die in *Abb. 10D* dargestellte Schaltung?
● NOR
● ANTIVALENZ
● NAND

10.11 Durch welche Schaltungserweiterung kann die Schaltung in Abb. 10D in eine UND-Schaltung verändert werden?
● Durch den Anschluß einer Umkehrstufe am Ausgang
● Durch eine Kollektorstufe
● Durch eine Umkehrstufe am Eingang

10.4 Logische Schaltnetze

Zu den logischen Schaltnetzen gehören z. B. die folgenden Funktionen:

Prioritätsencoder

Bei einer Prioritätsfunktion haben die Eingangsvariablen eine Prioritätsfolge. Eingang A hat die Priorität vor B, B vor C und C vor D. Eine Prioritätsfunktion soll an den Ausgängen angeben, welcher der mit Pegel H belegten Eingänge die höchste Priorität hat.

In *Tabelle 10.2* sind die Eingänge (Inputs) von 0 bis 9 angegeben. Die Ausgänge (Outputs) werden durch die Buchstaben A, B, C und D markiert.

Werden mehrere Eingänge gleichzeitig aktiviert (Pegel L), erscheint an den Ausgängen (Tetraden-Ausgang) die negierte Tetrade (L aktiv) der höchsten Dezimalziffer.

Tabelle 10.2

Ausgänge (Inputs)									Ausgänge (Outputs)			
1	2	3	4	5	6	7	8	9	D	C	B	A
H	H	H	H	H	H	H	H	H	H	H	H	H
X	X	X	X	X	X	X	X	L	L	H	H	L
X	X	X	X	X	X	X	L	H	L	H	H	H
X	X	X	X	X	X	L	H	H	H	L	L	L
X	X	X	X	X	L	H	H	H	H	L	L	H
X	X	X	X	L	H	H	H	H	H	L	H	L
X	X	X	L	H	H	H	H	H	H	L	H	H
X	X	L	H	H	H	H	H	H	H	H	L	L
X	L	H	H	H	H	H	H	H	H	H	L	H
L	H	H	H	H	H	H	H	H	H	H	H	L

Die erste Zeile in der Tabelle 10.2 zeigt alle Eingänge auf Pegel H und damit auch alle Ausgänge auf Pegel H. In der zweiten Zeile ist der Eingang 9 auf Pegel L. Somit zeigen die Ausgänge L-aktiv den Wert 9 (LHHL). In der dritten Zeile ist der Eingang 8 auf L-Pegel. Die Ausgänge zeigen entsprechend den L-aktiven Pegel 8 (LHHH). In der Zeile 10 ist der Eingang 1 auf Pegel L. Die Ausgänge zeigen entsprechend den L-aktiven Wert 1 (HHHL) an.

Die Bezeichnung X an den anderen Eingängen sagt aus, daß der Pegel beliebig L oder H sein kann. Somit wird immer der Eingang an den Tetradenausgängen gekennzeichnet, der L-Pegel führt und eine höhere Wertigkeit als die anderen Eingänge, die auf L-Pegel gesetzt sind, aufweist.

Datenselektor (Multiplexer)

Der Multiplexer hat die gleiche Aufgabe wie ein mechanischer Wahlschalter. Mehrere Eingangsfunktionen können wahlweise auf einen Ausgang geschaltet werden. Mit drei Selektionseingän-

Tabelle 10.3

$\overline{EN}$	S_2	S_1	S_0	Eingang/Ausgang
L	L	L	L	0
L	L	L	H	1
L	L	H	L	2
L	L	H	H	3
L	H	L	L	4
L	H	L	H	5
L	H	H	L	6
L	H	H	H	7
H	X	X	X	keiner

gen ist es möglich, acht verschiedene Bitmuster zu erzeugen (vgl. *Tabelle 10.3*) und somit jeden einzelnen der acht Eingänge auf den Ausgang zu schalten.

Entsprechend der Wertigkeit der Selektionseingänge werden die ausgewählten Eingänge auf den Ausgang geschaltet. Voraussetzung ist, daß der L-aktive Bausteinfreigabeanschluß $\overline{EN}$ auf L-Pegel gesetzt ist. Bei $\overline{EN} \triangleq H$, wird kein Eingang durchgeschaltet. Der Baustein 74 157 enthält z. B. je vier Funktionen eines 1 aus 2 Datenselektors.

Vergleicher

Die Vergleicherfunktion für 2 oder mehrere Variable wird für drei mathematische Bedingungen eingesetzt. Dabei wird festgelegt:

Ausgang X = 1, wenn A = B
Ausgang Y = 1, wenn A > B (A $\triangleq$ 1, B $\triangleq$ 0)
Ausgang Z = 1, wenn A < B (A $\triangleq$ 0, B $\triangleq$ 1)

In einer Gleichung ausgedrückt:

$$X = A \wedge B \vee \overline{A} \wedge \overline{B}, \; Y = A \wedge \overline{B}, \; Z = \overline{A} \wedge B$$

Der Baustein 7485 wird als 4-Bit-Vergleicher bezeichnet. Die Vergleichseingänge (Data-Inputs) führen die Anschlußbezeichnung A_0 bis A_3 und B_0 bis B_3.

Die Ausgänge (Outputs) tragen die Bezeichnungen A > B (A = H, B = L), A = B und A < B (A = L, B = H). *Tabelle 10.4* zeigt die Zusammenhänge zwischen Eingangs- und Ausgangsfunktionen.

In der ersten Zeile ist die Variable A3 größer als die Variable B3. Alle anderen Eingänge können beliebig zueinander stehen. Entsprechend führt der Ausgang A > B Pegel H, die anderen

195

Tabelle 10.4

Eingänge			Kaskaden-Eingänge				Ausgänge		
A3, B3	A2, B2	A1, B1	A0, B0	A>B	A<B	A=B	A>B	A<B	A=B
A3>B3	X	X	X	X	X	X	H	L	L
A3<B3	X	X	X	X	X	X	L	H	L
A3=B3	A2>B2	X	X	X	X	X	H	L	L
A3=B3	A2<B2	X	X	X	X	X	L	H	L
A3=B3	A2=B2	A1>B1	X	X	X	X	H	L	L
A3=B3	A2=B2	A1<B1	X	X	X	X	L	H	L
A3=B3	A2=B2	A1=B1	A0>B0	X	X	X	H	L	L
A3=B3	A2=B2	A1=B1	A0<B0	X	X	X	L	H	L
A3=B3	A2=B2	A1=B1	A0=B0	H	L	L	H	L	L
A3=B3	A2=B2	A1=B1	A0=B0	L	H	L	L	H	L
A3=B3	A2=B2	A1=B1	A0=B0	L	L	H	L	L	H

Ausgänge führen Pegel L. In der dritten Zeile werden zwei Eingangspaare miteinander verglichen (A3 = B3 und A2 > B2). Der Ausgang A > B zeigt H-Pegel.

Der Vergleich der folgenden Zeilen zeigt, daß die Beziehungen „größer als" (>) und „kleiner als" (<) Priorität vor „Gleichheit" (=) haben.

Nur wenn alle drei Eingangspaare Gleichheit haben, geht der entsprechende Ausgang auf H-Pegel, wenn der Kaskaden-Eingang A = B auf H-Pegel gesetzt ist (letzte Zeile).

Das Vergleichen von zwei mehrstelligen Dualzahlen beginnt immer bei der höchsten Stellenwertigkeit. Ist diese ungleich, ist die Aussage eindeutig. Bei Gleichheit wird die nächste Stelle verglichen. Dazu drei Beispiele:

A_3	A_2	A_1	A_0	A_3	A_2	A_1	A_0	A_3	A_2	A_1	A_0
1	1	0	1	1	0	1	1	1	0	0	0
0	1	1	1	1	1	1	1	1	0	1	1
B_3	B_2	B_1	B_0	B_3	B_2	B_1	B_0	B_3	B_2	B_1	B_0

$A_3 > B_3$ (fertig)

$A_2 < B_2$, fertig
$A_3 = B_3$, weiter vergl.

$A_1 < B_1$, fertig
$A_2 = B_2$, weiter vergl.
$A_3 = B_3$, weiter vergl.

Die Kaskadeneingänge (Cascading Inputs) werden zur Erweiterung von Vergleicher-Bausteinen benützt. Die Verbindung der Ausgänge des 1. Bausteins mit den Kaskadeneingängen des zweiten Bausteins erweitert die Vergleichereingänge von 4 auf 8 Stellen (A_0 bis A_7, B_0 bis B_7).

10.5 Kippstufen, Speicherschaltungen

Zur Erzeugung von Rechteckimpulsen bzw. Impulsfolgefrequenzen mit und ohne Speicherwirkung werden in der digitalen Schaltungstechnik überwiegend Kippstufen (Multivibrator) angewendet.

Zur besseren Verständlichung der Funktionen wird die astabile Kippstufe beispielhaft in diskreter Schaltungstechnik dargestellt.

Astabile Kippstufe

Die Schaltung der astabilen Kippstufe in *Abb. 10.14* zeigt, daß beide Kopplungen dynamisch, d. h. kapazitiv, sind. Demzufolge benötigt diese Kippstufe keinen Schaltimpuls von außen, da sich die instabilen Zustände einander abwechseln.

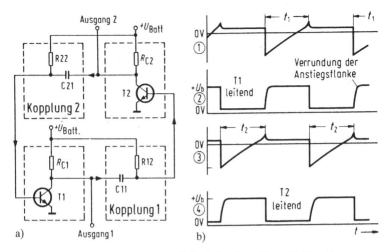

Abb. 10.14 Astabile Kippstufe: a) Funktionsdarstellung, b) Signalformen

Wenn z. B. der Transistor T 1 vom nichtleitenden in den leitenden Zustand schaltet ②, wird der Transistor T 2 über den Kondensator der Kopplung 1 umgekehrt vom leitenden in den nichtleitenden Zustand geschaltet ④. Transistor T 2 bleibt so lange nichtleitend, bis sich der Kondensator der Kopplung 1 bis zur Schwellenspannung entladen hat ③. Der darauffolgende Schaltsprung des Transistors T 2 wird über die Kopplung 2 an die Basis von T 1 übertragen ①, wodurch dieser nichtleitend wird und diesen Zustand beibehält, bis der Kondensator der Kopplung 2 bis zur Schwellenspannung entladen ist. Der nun folgende Schaltsprung der Kollektorspannung von $+U_{Batt}$ und $U_{CE\,satt}$ würde wiederum den eingangs beschriebenen Kippvorgang an T 2 und den Entladevorgang am Kondensator der Kopplung 1 auslösen.

Daraus ist ersichtlich, daß die astabile Kippstufe Rechteckspannungen an den Kollektoranschlüssen erzeugt, deren Impulsdauer, bzw. Pausendauer, von den Zeitkonstanten der dynamischen Kopplungen abhängig ist.

Bistabile Kippschaltungen

Eine weitere wichtige Spannungsgruppe sind die Kippschaltungen (bistabile oder sequentielle logische Schaltungen).

So benannt, weil die Ausgangsvariablen nicht nur von der Eingangssituation, sondern zum anderen auch von dem Zustand der innerhalb der Kippstufen befindlichen Speicher bestimmt wird, die ihrerseits eine Folge (Sequenz) des vorhergehenden Zustands sind.

Für die Kippschaltungen gibt es Unterscheidungsmerkmale (vgl. *Tabelle 10.5*), die zum einen nach der Art der Eingangssteuerung und zum anderen nach der Funktion gegeben sind.

Die Eingangsbezeichnungen sind wie folgt gegliedert:

Vorbereitungseingänge: S und J (Set, einstellen)
                        R und K (Reset, zurückstellen)
Takteingänge: T
Direkteingänge: P (preset, voreinstellen)
                        C (clear, auslösen, löschen)

In den Funktionstabellen haben die einzelnen Zeichen und Symbole folgende Bedeutung:

Auf der linken Seite der Funktionstabellen stehen die möglichen Pegelkombinationen der Eingangsvariablen zum Zeitpunkt $t = n$ (t_n).

Auf der rechten Seite der Funktionstabellen wird der Zustand für den Ausgang Q angegeben, den dieser nach diesem Zeitpunkt als Folge der Pegelkombinationen am Eingang eingenommen hat $t = n + 1$ (t_{n+1}).

Tabelle 10.5 Bistabile Kippschaltungen

a) RS-Flipflop (Nor)

t_n		t_{n+1}
S	R	Q
L	L	Q^n
L	H	L
H	L	H
H	H	X

b) RS-Flipflop (Nand)

t_n		t_{n+1}
S	R	Q
L	L	X
L	H	H
H	L	L
H	H	Q^n

c) E-Auffang-Flipflop

t_n		t_{n+1}
S	R	Q
L	L	Q^n
L	H	L
H	L	H
H	H	Q^n

d) DV-Auffang-Flipflop

t_n		t_{n+1}
D	V	Q
L	L	Q^n
L	H	L
H	L	Q^n
H	H	H

e) SR-Flipflop (flankengesteuert)

t_n				t_{n+1}
S_1	S_2	R_1	R_2	Q
L	L	L	L	X
L	L	H	H	H
L	L	H	$\underline{H}$	H
$\underline{H}$	H	L	L	L
H	$\underline{H}$	L	L	L
$\underline{H}$	H	$\underline{H}$	H	Q^n
H	$\underline{H}$	H	$\underline{H}$	Q^n

f) JK-Flipflop (flankengesteuert)

t_n		t_{n+1}
J	K	Q
L	L	Q^n
L	H	L
H	L	H
H	H	$\bar{Q}^n$

g) D-Flipflop (taktflankengest.)

t_n	t_{n+1}
D	Q
L	L
H	H

h) RS-Flipflop (zustandsgesteuert)

t_n				t_{n+1}
S_1	S_2	R_1	R_2	Q
L	$\underline{H}$	L	$\underline{H}$	Q^n
$\underline{H}$	L	$\underline{H}$	L	Q^n
L	$\underline{H}$	H	H	L
$\underline{H}$	L	H	H	L
H	H	L	$\underline{H}$	H
H	H	$\underline{H}$	L	H
H	H	H	H	X

k) JK-MS-Flipflop

t_n		t_{n+1}
J	K	Q
L	L	Q^n
L	H	L
H	L	H
H	H	$\bar{Q}^n$

Pegel L bedeutet, der Ausgang Q hat den Zustand L eingenommen, entsprechend bei Pegel H, Q = H.

Die Bezeichnung Q^n führt der Ausgang Q, wenn er bei Änderung der Eingangsvariablen seinen Ausgangszustand behält. Q^n kennzeichnet den komplementären Zustand von Ausgang Q.

X steht für nicht vorhersehbare Ausgangszustände, d. h. die Ausgangslage kann erhalten bleiben oder sich ändern.

Das Zeichen $\underline{H}$ ist in der Funktionstabelle immer dann eingesetzt, wenn die Eingangspegel L oder H die gleiche Wirkung am Ausgang erzielen.

Abb. a in Tabelle 10.5 zeigt ein asynchrones RS-Flipflop, das aus NOR-Verknüpfungsgliedern aufgebaut ist. In *Abb. b* ist ein asynchrones SR-Flipflop aus NAND-Gliedern dargestellt.

Die Funktionstabellen dieser Flipflop zeigen komplementäres Ausgangsverhalten. Es sind die einzigen integrierten Flipflops, die keine Ansteuerschaltung in der Eingangsseite liegen haben. Sie werden daher auch als Grund-Flipflop bezeichnet.

Abb. c zeigt ein E-Auffang-Flipflop, das im Gegensatz zum Grundflipflop einen Takteingang aufweist.

Ein H-Pegel an den SR-Vorbereitungseingängen kann nur mit einem Taktimpuls an T am Grundflipflop wirksam werden, d. h. den Ausgangspegel an Q verändern.

Das DV-Auffang-Flipflop in *Abb. d* wird nur über einen Vorbereitungseingang D gesteuert. Am Eingang V muß H-Pegel angelegt werden, wenn der Pegel am Vorbereitungseingang V übernommen werden soll. Die Übernahme erfolgt zu den vorgegebenen Taktintervallen des Einganges T.

Eine mit Taktflanken gesteuerte Kippschaltung ist das SR-Flipflop oder T-Flipflop (*Abb. e*). Die Übernahme der Pegel an den Vorbereitungseingängen erfolgt durch H→L-Taktflanken. Über die Direkteingänge P und C kann das SR-Flipflop auch statisch eingestellt werden.

Werden die Eingänge S 1 mit R 1, S 2 mit Q und R 2 mit $\overline{Q}$ verbunden, erhält man ein T-Flipflop. Der Takt wird an S 1 und R 1 angeschlossen.

In *Abb. f* ist ein, ebenfalls mit Taktflanken gesteuertes, JK-Flipflop dargestellt. Dieses Flipflop ist auch unter der Bezeichnung „Zählflipflop" bekannt.

Die Zählfunktion ergibt sich bei folgenden Eingangsbedingungen: Liegen Pegel H an J und Pegel L an K, steht am Ausgang Q zum Zeitpunkt t_{n+1} H-Pegel. Für den Fall, daß zum Zeitpunkt t_n an den Eingängen JK H-Pegel anliegt, wechselt Q bei t_{n+1} in den komplementären Zustand $\overline{Q}$ über.

Das ebenfalls auf Taktflanken wirkende D-Flipflop in *Abb. g* hat nur einen Vorbereitungseingang D. Ein H-Pegel an diesem Eingang wird bei der L→H-Flanke des Takteinganges übernommen.

Das durch Pegel gesteuerte SR-Flipflop in *Abb. h* gehört nach dem Aufbau zur Gruppe der Master-Slave-Flipflop, die einen Zwischenspeicher (Master-Flipflop) und einen Hauptspeicher (Slave-Flipflop) aufweisen.

Ein L-Pegel an den Eingängen C und P bringt beide Flipflops in eine vorausbestimmbare Lage.

Aus dem SR-Flipflop kann ein JK-Flipflop geschaltet werden, wenn man S 2 mit $\overline{Q}$ und R 2 mit Q verbindet. *Abb. k* zeigt ein auf Taktflanken reagierendes JK-MS-Flipflop (MS für Master-Slave).

Die Sperrung der JK-Eingänge erfolgt wie bei den D-Flipflop. Es müssen aber an beiden Vorbereitungseingängen JK H- oder L-Pegel angeboten werden.

Unabhängig von den Pegeln an den JK-Eingängen, kann über die Eingänge P und C das JK-MS-Flipflop direkt eingestellt werden.

Monoflop

Abb. 10.15 zeigt den monostabilen Multivibrator vom Typ 74121 mit den verknüpften Eingängen A1, A2 und B und den Standard-Ausgängen Q und $\overline{Q}$ (Fan-out = 10 LE). Die Eingänge A1 und A2 sprechen auf eine Abstiegsflanke an und sind nur wirksam, wenn B im H-Zustand ist. Dabei erfolgt das Triggern der Schaltung bei einer bestimmten Schaltspannung. Die Flankensteilheit des Triggerimpulses hat keinen direkten Einfluß auf den Trigger-vorgang.

Dem Eingang B ist ein Schmitt-Trigger nachgeschaltet, der auf die positive Flanke des Eingangsimpulses anspricht und nur wirksam ist, wenn A1 oder A2 im L-Zustand ist.

Während der Dauer des Ausgangsimpulses sind die Eingänge verriegelt. Die Impulsdauer des Eingangssignals hat keinen Einfluß auf die Dauer des Ausgangsimpulses. Da dem Eingang A3 ein Schmitt-Trigger nachgeschaltet ist, kann dieser mit extrem langsamen Flanken bis zu 1 V/s angesteuert werden. Die Hysterese des Schmitt-Triggers ist durch eine interne Temperaturkompensation sehr stabil. Die Anstiegs- und Abfallzeit des Ausgangsimpulses ist unabhängig von der Dauer des Impulses und TTL-kompatibel.

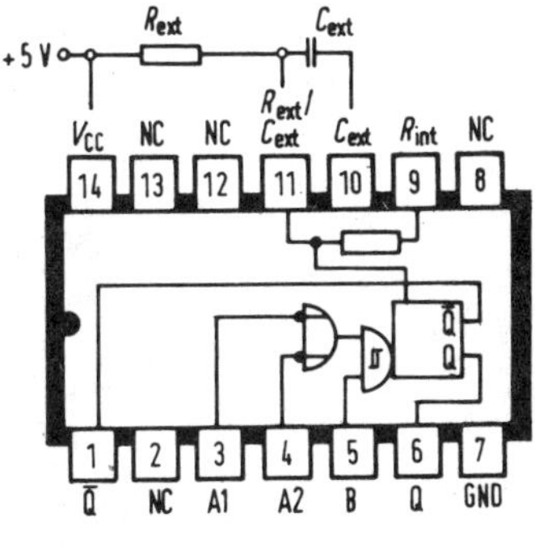

Abb. 10.15 Monostabile Kipp-stufe

Die Dauer des Ausgangsimpulses beträgt ohne äußere Beschaltung 30 ns, wenn Anschluß 9 (R_{int}) mit Anschluß 14 verbunden ist. Sie kann durch Beschaltung der Anschlüsse 10, 11 und 14 entsprechend bis zu 40 s gedehnt werden. Anschluß 9 bleibt dann frei. Die Dauer des Ausgangsimpulses läßt sich errechnen nach der Gleichung

$$t_p = C_{ext} \cdot R_{ext} \cdot \ln 2$$

mit $C_{ext} = 10\,pF...10\,\mu F$ $\qquad$ $R_{ext} = 2\,k\Omega...40\,k\Omega$.

Die Dauer des Ausgangsimpulses ist praktisch unabhängig von der Versorgungsspannung und der Umgebungstemperatur. Tastverhältnisse bis zu 90 % lassen sich mit $R_{ext} = 40\,k$ erreichen. Höhere Tastverhältnisse sind möglich, wenn man Zugeständnisse an die Stabilität der Impulsdauer macht.

Schmitt-Trigger

Den IC-Baustein 7413 mit zwei Schmitt-Triggern zeigt *Abb. 10.16*. Ein Schmitt-Trigger ist mit je vier NAND-Eingängen und je einem Standard-Ausgang ausgestattet. Das Fan-out des Ausganges beträgt im High-Zustand 20 LE und im Low-Zustand 10 LE.

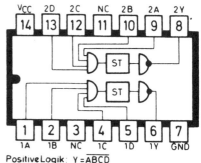

Abb. 10.16 Schmitt-Trigger

Die Schmitt-Trigger haben eine Hysterese von 0,8 V, die durch eine interne Temperaturkompensation sehr stabil ist.

Anwendungshinweise: Der 7413 kann z. B. eingesetzt werden zur Erhöhung der Flankensteilheit langsamer Impulse, als Leitungsempfänger (hohe Störunterdrückung), als Impulsformer (z. B. Sinus oder Sägezahn in Rechteck) sowie als astabiler Multivibrator (z. B. zum Erzeugen von Taktimpulsen für integrierte Digital-Schaltungen). Die möglichen Kombinationen:

E_1	E_2	E_3	E_4	A
H	H	H	H	L
alle anderen Kombinationen				H

Zum Selbsttesten

10.12 Welche Vorteile hat ein D-Flipflop gegenüber dem RS-Flipflop?

Ⓐ Es schaltet schneller.

Ⓑ Die Kippvorgänge sind besser.

Ⓒ Es hat keine undefinierten Schaltzustände.

10.13 Die nachfolgenden Behauptungen sind dem Funktionsablauf des JK-MS-Flipflops entsprechend in die richtige Reihenfolge zu gliedern:

Ⓐ Die Information des Masters wird durch die H→L-Schaltflanke des Taktimpulses in den Slave übertragen.

Ⓑ Vor dem Taktimpuls sind die Eingänge des Master- und des Slave-Flipflops gesperrt.

Ⓒ Nach der L→H-Schaltflanke werden die Vorbereitungseingänge gesperrt.

Ⓓ Die L→H-Schaltflanke des Taktimpulses bewirkt die Übernahme der Pegel aus den Vorbereitungseingängen in den Master.

10.14 Bei welchen Flipflop-Bauarten sind die Rückführungen mit eingebaut?
Ⓐ RS-Flipflop
Ⓑ D-Flipflop
Ⓒ JK-Flipflop
Ⓓ Bistabiler Multivibrator
Ⓔ JK-MS-Flipflop

10.6 Schaltwerke

Schaltwerke ordnen – wie die Schaltnetze – den jeweiligen Eingangszuständen die ihrer internen Funktionen entsprechenden Ausgangszustände zu. Dieser Vorgang erfordert bei Schaltwerken – im Gegensatz zu Schaltnetzen – mehr als einen Schritt. Daher wird die Folge von Schritten zur Erreichung eines bestimmten Ausgangszustandes auch als sequenzielle Technik bezeichnet.

Der Ablauf mehrerer aufeinanderfolgender und zeitlich getrennter Schritte muß gesteuert werden. Nach der Ansteuerungsart unterscheidet man zwei Betriebsarten (*Abb. 10.17*):

Synchrone Steuerung

Die einzelnen Schaltwerke in Abb. 10.17*a* werden durch extern gesteuerte Impulsfolgen gesteuert. Durch diese Betriebsart wird der interne Funktionsablauf synchronisiert. Werden die Takteingänge der Stufen parallel geschaltet, erscheint das Taktsignal an allen Eingängen gleichzeitig (synchroner Betrieb). Um das zu

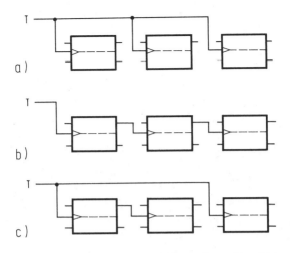

Abb. 10.17 Steuerungsarten: a) synchron, b) asynchron, c) kombiniert

vermeiden, müssen die Eingänge über UND-Schaltungen durch die Ausgangssignale entsprechend vorbereitet werden.

Dies ist ein erheblicher Mehraufwand in der Schaltung, der allerdings eine viermal höhere Zählfrequenz erlaubt als z. B. bei einem asynchronen Zähler.

Asynchrone Steuerung

Bei der asynchronen Schaltung sind alle Stufen hintereinander geschaltet (Abb. 10.17b). Der Taktimpuls schaltet das erste Flipflop, die folgenden Flipflops werden nacheinander (asynchron) geschaltet. Da jedes Flipflop eine bestimmte Schaltzeit benötigt, ergibt sich eine Schaltverzögerung zwischen Eingangs- und Ausgangsimpuls. Bei der asynchronen Schaltung addieren sich die Schaltverzögerungszeiten. Die gesamte Verzögerungszeit begrenzt die Geschwindigkeit bzw. die Zählfrequenz. Asynchrone und synchrone Betriebsart kommen auch in kombinierter Form vor (Abb. 10.17c). Diese Schaltwerke werden dann den asynchron gesteuerten Schaltungen zugeordnet.

Dekadenzähler

Der Dekadenzähler 7490 in *Abb. 10.18* kann für drei verschiedene Zählweisen eingesetzt werden. Außerdem kann wahlweise über Rückstelleingänge auf die binär codierte Null oder Neun zurückgestellt werden.

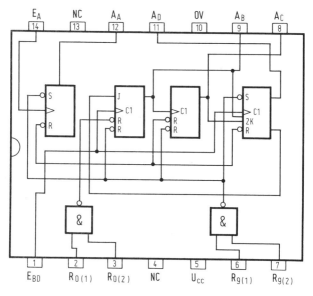

Abb. 10.18 Dekadenzähler

Der BCD-Zähler enthält vier MS-FF, die intern zu je einem ½ und ⅕ Frequenzteiler zusammengeschaltet sind.

BCD-Zählung ergibt sich, wenn man den Ausgang A_A mit dem Eingang E_{BD} verbindet und das Zählsignal an den Eingang E_A legt. Der Zähler kann auf die BCD-codierte Null über die Rückstelleingänge Ro(1) und Ro(2) sowie auf die BCD-codierte-Neun über die Rückstelleingänge Rg(1) und Rg(2) (vergleiche hierzu die *Funktionstabelle 10.6*) gesetzt werden.

Die n-mal 10fache Binäruntersetzung ist dann möglich, wenn der Eingang E_A mit dem Ausgang A_D verbunden wird und das Eingangssignal an den Eingang E_{BD} gelegt wird. Das im Verhältnis $1:10$ untersetzte Signal steht am Ausgang A_A zur Verfügung.

Bei der Binäruntersetzung ½ wird das Signal an den Eingang E_A gelegt und das Ausgangssignal an A_A abgenommen.

Bei der Untersetzung ⅕ erfolgt die Eingangsbelegung an E_{BD} und das symmetrische Ausgangssignal wird am Ausgang A_D abgenommen. Bei dieser Betriebsart arbeiten beide Untersetzer

Tabelle 10.6

BCD-Zählerfunktion   Rückstellen des Zählers

Zähltakt	A_D	A_C	A_B	A_A	Ro(1)	Ro(2)	Rg(1)	Rg(2)	A_D	A_C	A_B	A_A
0	L	L	L	L	H	H	L	X	L	L	L	L
1	L	L	L	H	H	H	X	L	L	L	L	L
2	L	L	H	L	X	X	H	H	H	L	L	H
3	L	L	H	H	X	L	X	L	zählt			
4	L	H	L	L	L	X	L	X	zählt			
5	L	H	L	H	L	X	X	L	zählt			
6	L	H	H	L	X	L	L	X	zählt			
7	L	H	H	H								
8	H	L	L	L								
9	H	L	L	H								

unabhängig voneinander. Die Rückstelleingänge wirken auf beide Untersetzerschaltungen.

Außer diesen Beispielen gibt es Zählerschaltungen in den verschiedensten integrierten Ausführungsformen. Wichtigste Beurteilungskriterien sind:

- Die Art der Taktsteuerung (synchron oder asynchron);
- die Anzahl der Zählstufen (Zählerkapazität);
- die Zählercode, z. B. Binärzähler oder Dekadenzähler in verschiedenen BCD-Codes (z. B. Aikencode, 3-Exceßcode, Ringzähler);
- die Zählrichtung (Vor- oder Rückwärtszähler);
- die Zählgeschwindigkeit, die von der Art der Zählung (synchron oder asychron) und vom technologischen Aufbau (z. B. TTL, CMOS, ZDTL) abhängig ist;
- die Vorprogrammierbarkeit von Zählern, die als Befehlszähler (programm counter) in Mikroprozessorschaltungen Anwendung finden. Der Zähler wird hierbei über eine Logikschaltung auf bestimmte Zahlenwertigkeit gesetzt, von der aus der Zählvorgang – wie bei den Beispielen beschrieben – abläuft. Man nennt dies das Laden eines Zählers mit einer bestimmten Ausgangszahl.

Für den Praktiker

Abb. 10.19 zeigt die Schaltung eines Ringzählers für eine Zählung bis 16. Dieser Ringzähler kann z. B. zur Steuerung eines Lauflichtes oder eines elektronischen Schlaginstrumentes eingesetzt werden.

Für die Schaltung benötigt man einen 4-Bit-Binärzähler (z. B. 7493), mit dem im Dualcode bis 15 gezählt wird. Mit einem 4-Bit-Sedezimal-Decodierer (74154) wird das im Dualcode vorliegende Zählergebnis in einen 1-aus-16-Code decodiert. Es ist daher

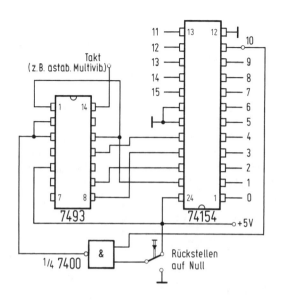

Abb. 10.19 Ringzähler

immer nur einer der 16 Ausgänge des Decodierers auf Pegel L, die anderen Ausgänge stehen auf Pegel H.

Die Zahl der gewünschten Schritte des Ringzählers kann durch Verbinden des einen Anschlusses der NAND-Schaltung (¼ 7400) mit dem entsprechenden Ausgang des Decodierers gewählt werden. In dem Beispiel nach Abb. 10.19 ist es der Ausgang 10.

Bei der zehnten Taktflanke geht dieser Ausgang auf Pegel L und verursacht mit dem dadurch entstehenden H-Pegel am Rückstelleingang des 4-Bit-Binärzählers die Zurückstellung des Ringzählers auf Null, d. h. Pegel L steht am Ausgang „0" des Decodierers.

10.15 Der synchrone Zähler unterscheidet sich vom asynchronen Zähler durch bestimmte Merkmale:

(A) Alle Takteingänge sind zu einem Eingang zusammengeschlossen.

(B) Alle Rücksetzeingänge sind zusammengeschlossen.

(C) Alle Vorbereitungseingänge sind zusammengeschlossen.

10.16 Welche Eingänge sind an den Flipflops in ihrer Wirkung den anderen Eingängen übergeordnet?

(A) J-Eingänge

(B) Vorbereitungseingänge

(C) Takteingänge

(D) Setz- und Rücksetzeingänge

11 Computerschaltungen

Bevor wir mit der Beschreibung und Darstellung der einzelnen Funktionseinheiten beginnen, betrachten wir die grundsätzlichen Systemmerkmale einer Computeranwendung, z. B. den Aufbau eines PC (*Abb. 11.1*).

Die Übersichtsdarstellung zeigt, daß die Steuerung aller angeschlossenen Funktionseinheiten von der CPU (Mikroprozessor) durchgeführt werden.

Die Steuerung und der Datenaustausch erfolgen über Steuerleitungen und den Datenbus. Die Adressierung der Speicherbausteine und der Schnittstellenbausteine wird über Adreßbusleitungen vorgenommen.

Die Busfunktionen (Softwaresteuerung) enden an den Schnittstellenbausteinen (vgl. *Abb. 11.2*). Die Gerätefunktionen werden über Leitungsverbindungen (Hardwaresteuerung) an die seriellen und parallelen Schnittstellenbausteine angeschlossen.

11.1 Busfunktionen

Bedingt durch den Aufbau der Mikrocomputer und deren Systeme, die eine Vielzahl von Verbindungsleitungen aufweisen, werden die am Informationsaustausch beteiligten Funktionselemente mit den Ein- und Ausgängen an eine Leitung angeschlossen. Die Busleitungen dürfen durch die parallel angeschlossenen Bausteine nicht belastet werden. Der aus der bipolaren Technik bekannte Gegentaktausgang (Push-Pull-Output, vgl. *Abb. 10.4*) wäre dafür nicht geeignet. Die Bus-Leitung wäre durch einen leitenden Gegentakttransistor immer belastet.

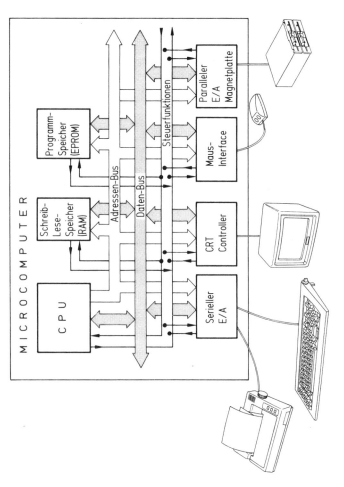

Abb. 11.1 Anwendungsbeispiel für Mikrocomputer

214

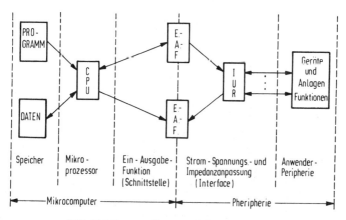

Abb. 11.2 Systemaufbau von Softwaresteuerungen

Software-kompatible Funktionsbausteine haben daher immer Tri-state-Ausgänge (vgl. *Abb. 11.3*). Über einen zusätzlichen Steuereingang C kann das Steuerwerk der CPU beide Transistoren sperren bzw. nichtleitend schalten. Das TTL-Tri-state-Gatter kann somit die in der folgenden *Tabelle 11.1* angegebenen Zustände einnehmen:

Tabelle 11.1

E	Ci	Q
L	L	L
H	L	H
L	H	HI (hochohmig)
H	H	HI (hochohmig)

Im hochohmigen Zustand (C = H) belastet das Gatter die Bus-Leitung nur sehr gering. Damit ist es möglich, eine bestimmte

215

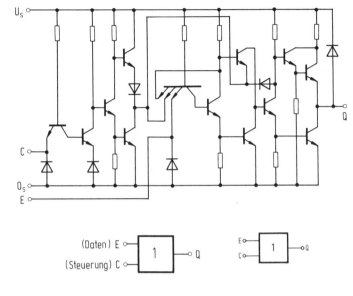

Abb. 11.3 Tri-state Schaltung

Anzahl Funktionsausgänge und die sowieso hochohmigen Eingänge ohne zusätzlichen Schaltungsaufwand direkt an eine Leitung (Bus-Leitung) zusammenzuschalten.

Die bisher gewonnen Erkenntnisse können wir auf den Datenaustausch eines Mikrocomputers mit den angeschlossenen Registern und Schnittstellen-Bausteinen übertragen. Dazu betrachten wir die Darstellung in *Abb. 11.4.*

In der Ausgangslage sind alle an den Mikroprozessor angeschlossenen Funktionsbausteine mit ihren Ausgängen auf Hochimpedanz geschaltet. Vom Steuerwerk des Computers werden nur die Takteingänge T und die Kontrolleingänge CE (Chip enable) der Bausteine bedient. Als Beispiel wird angenommen, daß der Akkumulator B1 des Mikrocomputers Daten aus dem

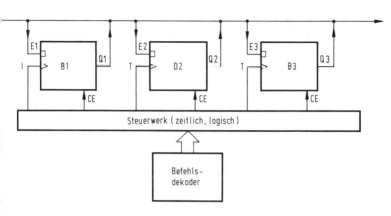

Abb. 11.4 Bidirektionaler Datenbus

Schnittstellen-Baustein B2 übernehmen soll. Das Steuerwerk hat diesen Befehl über den Befehlsdecoder aus dem Programmspeicher gelesen. Die Datenquelle ist in diesem Beispiel der Baustein B2, das Datenziel der Baustein B1.

Im ersten Taktzyklus wird vom Steuerwerk des Mikrocomputers der Datenquelle B2 der HI-Zustand der Ausgänge über den Steuereingang C abgeschaltet. Dadurch steht die Ausgangsinformation (H- oder L-Pegel) auf der Datenleitung.

Im zweiten Taktzyklus wird vom Steuerwerk das Datenziel B1 am Takteingang T getaktet. Dadurch wird die Information der Datenquelle vom Datenziel übernommen. Dieser Datenaustausch kann zwischen zwei beliebigen Bausteinen in beiden Richtungen erfolgen, wie dies die folgende *Tabelle 11.2* veranschaulicht. Daher ist das Symbol für diese Datenleitung oder ein Leitungsvielfach ein in beide Richtungen weisender Pfeil (Datenbus).

Tabelle 11.2

Daten-Quelle → Daten-Ziel

B1 (CE)	B2 (T)
B1 ”	B3 ”
B2 ”	B1 ”
B2 ”	B3 ”
B3 ”	B1 ”
B3 ”	B2 ”

Werden Daten von einer Datenquelle nur in eine Richtung an beliebig viele Datenziele übertragen (*Abb. 11.5*), dann wird die Leitung oder das Leitungsvielfach nur in eine Richtung gekennzeichnet.

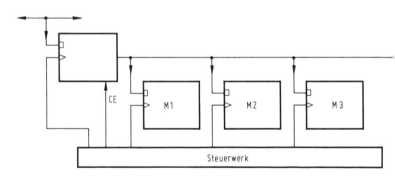

Abb. 11.5 Unidirektionaler Adreßbus

11.2 16-Bit-CPU (Mikroprozessor)

Als Beispiel wird eine Darstellungsübersicht über die CPU 8086 gegeben.

218

Die Unterbringung in einem 40poligen Gehäuse wurde durch die Belegung der meisten Anschlüsse mit mehreren in Multiplexbetrieb arbeitenden Funktionen erreicht (*Abb. 11.6*). Über den Datenbus werden die Adressen übertragen. Die Funktionen einiger Steuer- bzw. Statusanschlüsse werden über einen einzigen Eingang umgeschaltet (Minimum/Maximum-Mode).

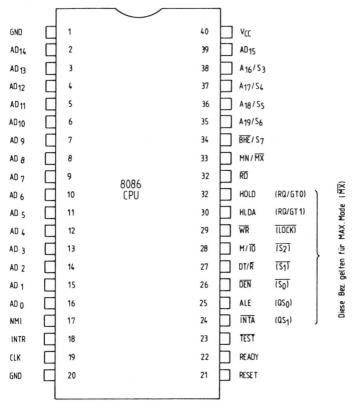

Abb. 11.6 Anschlußbezeichnungen für CPU

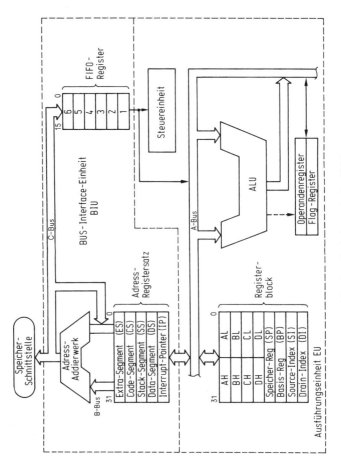

Abb. 11.7 Registerfunktionen in der CPU

220

In *Abb. 11.7* ist die interne Struktur der CPU dargestellt. Das Blockschaltbild zeigt die Aufteilung in zwei verschiedene Einheiten. Diese sind die Ausführungseinheit EU (Execution Unit) und die Bus-Interface-Einheit BIU (Bus-Interface-Unit). Diese beiden Einheiten tauschen zwar Daten direkt miteinander aus, arbeiten aber aufgrund ihrer unterschiedlichen Aufgaben zum größten Teil unabhängig.

Zur Ausführungseinheit EU gehören der allgemeinen Registersatz, die ALU (arithmetische/logische Einheit), ein Operandenregister, die Flags und die Steuereinheit. Dort werden die von der Bus-Interface-Einheit abgeholten Befehle interpretiert, die Daten, ebenfalls von der Bus-Interface-Einheit kommend, verarbeitet und dieser wieder zur Verfügung gestellt.

Die Bus-Interface-Einheit umfaßt einen speziellen Adreßregistersatz, das Adreßaddierwerk und ein 6 Byte langes FIFO-Register für die Befehle. Als besondere Aufgabe dieser Funktionseinheit ist die Optimierung der Prozessorgeschwindigkeit anzusehen. Dies geschieht zum ersten, indem die Bus-Interface-Einheit die Befehle im voraus aus dem Speicher abholt und im FIFO ablegt. Die Ausführungseinheit kann die Befehle abholen, ohne den Speicherzugriff abzuwarten. Zum zweiten führt sie die Operandenübertragung zwischen Speicher bzw. Peripherie und der Ausführungseinheit durch, generiert hierfür die notwendigen physikalischen Adressen und erzeugt optimale Bussteuersignale. Der Registersatz besteht aus:

– acht 16-Bit-Registern (vier davon sind byteweise adressierbar)
– Befehlszeiger (Instructionpointer)
– Status Flags
– vier 16-Bit-Segmentregister

Durch die vier Segmentregister kann die CPU einen Speicherbereich von 1 MByte direkt adressieren. Die hierfür benötigten 20 Adreßbits werden durch Addition der Offset-Adresse zu dem

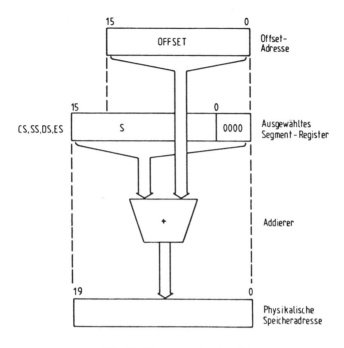

Abb. 11.8 Erzeugung der Adreßbits

Inhalt eines der vier Segmentregister, der vorher um 4 Bit nach links verschoben wurde, gebildet (*Abb. 11.8*). Der Offset kann aus einem Registerinhalt (z. B. Befehlsregister), der Summe verschiedener Registerinhalte oder einer dem Opcode eines Befehls folgenden Konstanten bestehen.

Die vier Segmentregister definieren zu einem Zeitpunkt vier unabhängige Segmente zu jeweils 64 KByte Länge innerhalb des 1-MByte-Speicherraumes. Die Segmente können in Inkrementen von 16 Byte an jeder beliebigen Stelle – innerhalb des 1-MByte-Speicherbereiches – beginnen, wobei ein Überlappen der Segmente erlaubt ist. Das Code-Segment ist für den Programmteil vorgesehen, das Stack-Segment für den Stack. Die anderen, das Daten-Segment und das Extra-Segment, erlauben einen Datenverkehr innerhalb zwcicr unabhängiger Speicherbereiche und damit gleichzeitig innerhalb des gesamten Speicherbereiches.

Der MP 8086 bietet ein Interrupt-System mit 256 Ebenen. Interrupts können sowohl hardwaremäßig als auch softwaremäßig eingeleitet werden. Neben den maskierbaren Interrupts steht auch ein nicht maskierbarer zur Verfügung.

Intern sind folgende Interrupt-Ebenen vorgegeben:

– Divide Error   (Division durch Null)
– Singel-Step   (Einzelschritt)
– Non-Maskable-INT   (Nicht maskierter INT)
– 1-Byte-Breakpoint-INT   (Unterbrechungspunkt)
– Overflow-INT   (Überlauf INT)

11.3 Programmierbarer serieller E/A

Diese Funktion wird entsprechend der Abb. 11.1 für die Informationsübertragung der Tastatur und des Druckers benötigt. Hierzu muß die parallele Information der CPU in eine serielle Information umgewandelt werden. Beim Zurückschreiben der Daten zur CPU müssen die seriellen Daten wieder in eine parallele Information umgewandelt werden. Ähnlich verhält es sich bei einer Datenfernübertragung über das Telefon- bzw. Telexnetz. Der Typ 8251 (*Abb. 11.9*) ist ein universeller Synchron/Asynchron-Sender/Empfänger-Baustein für Datenübertragung in Mikrocomputersystemen. Dieser Bausteintyp wird auch als USART (*Universal Synchronous/Asynchronous Reciever/Transmitter*) bezeichnet. Er wird vom Prozessor wie jeder andere Peripherie-Baustein behandelt. Der Leitungspuffer übernimmt 8-Bit-parallel

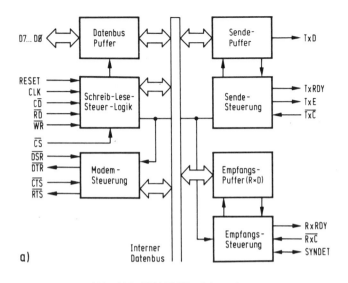

Abb. 11.9a USART-Funktionsschema

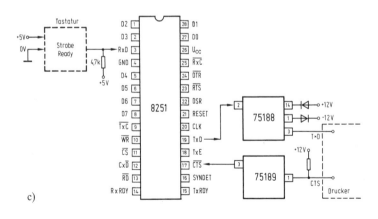

Abb. 11.9c Anschlußbelegung

D7 ... DØ	Datenbus (8 Bits)
C/D	Lesen oder Schreiben von Steuerinforma- tionen oder Daten
$\overline{RD}$	Befehl Daten lesen
$\overline{WR}$	Befehl Steuerinforma- tionen oder Daten schreiben
$\overline{CS}$	Baustein Freigabe
CLK	Takt (TTL)
RESET	Rücksetzen
$\overline{TxC}$	Sendetakt
TxD	Sendedaten
$\overline{RxC}$	Empfangstakt
RxD	Empfangsdaten
RxRDY	Empfänger bereit (kann Daten an den MP liefern)
TxRDY	Sender bereit (kann Daten vom MP annehmen)
$\overline{DSR}$	Datenübertragungs- einrichtung - Bereit
$\overline{DTR}$	Datenstation - Bereit
SYNDET	Synchronisations- erkennung
$\overline{RTS}$	Sendeaufforderung
$\overline{CTS}$	Sendebereitschaft
TxE	Sendepuffer leer
U_{cc}	Versorgungsspannung (+5V)
GND	Masse (0V)

Abb. 11.9b
Anschluß-
belegung   b)

Zeichen vom Mikrocomputer und wandelt sie für die Übertragung in einen seriellen Datenstrom um. Gleichzeitig kann er
einen seriellen Datenstrom empfangen und ihn in 8 Bit parallele
Datenzeichen für den Mikrocompter umsetzen.

Der Leitungspuffer meldet dem Mikrocomputer, ob er neue
Zeichen für die Übertragung annehmen kann oder dem Mikrocomputer Zeichen liefern möchte. Der Mikrocomputer kann den

Zustand des Leitungspuffers einschließlich der Datenübertragungsfehler und der Steuersignale jederzeit lesen.

Mit seinem 8-Bit-Zweiweg-Puffer in Tri-state-Funktion wird der Baustein 8251 an den System-Bus der CPU angeschlossen. Daten werden vom Puffer gesendet oder empfangen, wenn IN- oder OUT-Befehle der CPU ausgeführt werden. Steuerwörter, Befehlswörter und Zustandsinformationen werden ebenfalls über den Daten-Puffer übertragen.

Die Schreib-Lese- und Steuerlogik erhält Eingangssignale vom Steuerbus und erzeugt die Steuersignale für alle Vorgänge im Baustein. Sie enthält das Steuerwortregister (Tabelle 11.3b) und das Befehlswortregister (Tabelle 11.3c), die die unterschiedlichen Steuerinformationen für die funktionelle Definition des Bausteins speichern. H-Pegel am Rücksetz-Eingang (Reset) bringt den Baustein in den inaktiven Zustand. Der Baustein bleibt in diesem Zustand, bis ein neuer Satz von Steuerwörtern zur Programmierung der Funktionen von der CPU eingeschrieben wird.

Der CLK-Eingang wird zum Erzeugen des internen Zeitablaufs benötigt und normalerweise mit dem Taktausgang der CPU verbunden. Externe Ein- oder Ausgänge hängen nicht vom Takt ab; jedoch muß die Taktfrequenz bei Synchronbetrieb mehr als das 30fache des Empfangs- oder Sendetakts betragen (bei Asynchronbetrieb das 4,5fache).

L-Pegel am Eingang $\overline{WR}$ (Schreiben) bedeutet für den Baustein, daß die CPU Daten oder Steuerwörter ausgibt (Tabelle 11.3a).

L-Pegel am Eingang $\overline{RD}$ (Lesen) bedeutet für den Baustein, daß die CPU Daten oder Zustandsinformationen empfängt. In Verbindung mit den Eingängen $\overline{WR}$ und $\overline{RD}$ gibt der Eingang C/$\overline{D}$ dem Baustein an, ob das Wort auf dem Datenbus ein Datenzeichen, ein Steuerwort oder eine Zustandsinformation darstellt. H-Pegel gibt die Information für ein Steuerwort, L-Pegel die Information für Daten.

Tabelle 11.3a

C/$\overline{\text{D}}$	$\overline{\text{RD}}$	$\overline{\text{WR}}$	$\overline{\text{CS}}$	Funktion
0	0	1	0	Daten vom Baustein zur CPU
0	1	0	0	Daten von der CPU zum Baustein
1	0	1	0	Zustandsinformation an die CPU
1	1	0	0	Daten von der CPU zur Steuerlogik des Bausteins
X	X	X	1	Datenbus im High-Impedanz-Zustand (Baustein von der CPU abgeschaltet)

Die Bausteinfreigabe $\overline{\text{CS}}$ ist L-aktiv. Lesen oder Schreiben kann vor Auswahl des Bausteins nicht stattfinden. Tabelle 11.3*d* zeigt zusammenfassend die Zustandsinformation der Steuereingänge und die Informationen des Betriebsartenwortes in Asynchronbetrieb.

Tastaturanschluß

Der Anschluß der Tastatur für serielle Eingabe erfolgt im Timing der V24-(RS232-)Signale, jedoch auf TTL-Pegel (*Abb. 11.9*). Die seriellen Informationen der Tastatur werden über eine Steckverbindung an den 8251 übertragen. Die Tastatureingabe kann über das Statusregister des 8251 abgefragt werden und über das Eingaberegister von der CPU gelesen werden.
Initialisierung der Tastatur:

MVI A, CF   Betriebsart, Baudratenfaktor 64 (*Tabelle 11.3b*)
OUT 65   Ausgabe in das Betriebsartenregister
MVI A, 04   Empfangsfreigabe (*Tabelle 11.3c*)

Tabelle 11.3b

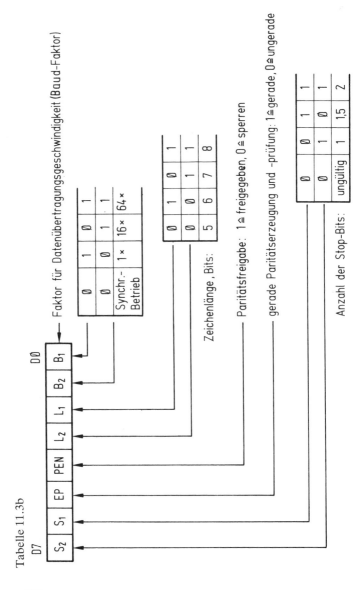

Tabelle 11.3c

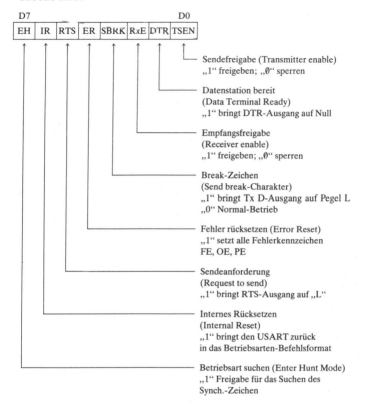

D7							D0
EH	IR	RTS	ER	SBRK	RxE	DTR	TSEN

Sendefreigabe (Transmitter enable)
„1" freigeben; „0" sperren

Datenstation bereit
(Data Terminal Ready)
„1" bringt DTR-Ausgang auf Null

Empfangsfreigabe
(Receiver enable)
„1" freigeben; „0" sperren

Break-Zeichen
(Send break-Charakter)
„1" bringt Tx D-Ausgang auf Pegel L
„0" Normal-Betrieb

Fehler rücksetzen (Error Reset)
„1" setzt alle Fehlerkennzeichen
FE, OE, PE

Sendeanforderung
(Request to send)
„1" bringt RTS-Ausgang auf „L"

Internes Rücksetzen
(Internal Reset)
„1" bringt den USART zurück
in das Betriebsarten-Befehlsformat

Betriebsart suchen (Enter Hunt Mode)
„1" Freigabe für das Suchen des
Synch.-Zeichen

OUT 65   Ausgabe in das Kommandoregister

Die Abfrage der Daten und Darstellung kann so erfolgen:

ABFR: IN 65   Statuswort einlesen (*Tabelle 11.3d*)
        ANI 02   Empfangsregister gefüllt prüfen
                       (RxRDY)

Tabelle 11.3d

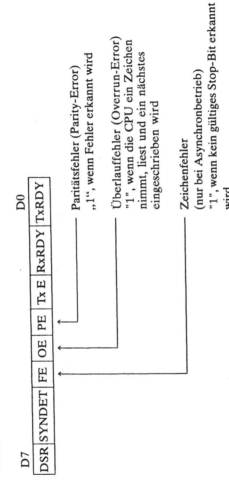

D7							D0
DSR	SYNDET	FE	OE	PE	Tx E	RxRDY	TxRDY

Paritätsfehler (Parity-Error)
„1", wenn Fehler erkannt wird

Überlauffehler (Overrun-Error)
"1", wenn die CPU ein Zeichen nimmt, liest und ein nächstes eingeschrieben wird

Zeichenfehler
(nur bei Asynchronbetrieb)
"1", wenn kein gültiges Stop-Bit erkannt wird

Alle Bits können mit ER-Bit des Kommandowortes zurückgesetzt werden

```
JNZ ABFR
IN 64          Einlesen der Daten
OUT 02         Anzeige der Daten
JMP ABFR       weitere Abfrage
```

Damit eine Zeitverzögerung bei der Ausgabe der Zeichen am Bildschirm erreicht wird, wird eine serielle Ausgabe simuliert. Mit CTS auf Masse kann das Transmit-Flag des 8251 abgefragt werden. Dadurch wird eine Zeitverzögerung von mindestens 1 ms erreicht.

Druckeranschluß

Der Druckeranschluß erfolgt über einen 25poligen Canonstecker. Über die IC 75188 und 75189 (*Abb. 11.9c*) werden die V24-(+12-V)-Signale erzeugt, die zum Betrieb des Druckers bei serieller Übertragung erforderlich sind. Die Verbindung zum Drucker sieht wie folgt aus:

```
CPU                          Drucker
Pin 2: T × D ————————————————Pin 3: R × D
Pin 5: CTS ——————————————————Pin 20: DTR
Pin 7: GND ——————————————————Pin 7: GND
```

Ist die Verbindung Drucker-Computer hergestellt, muß der Drucker in die Betriebsart ON-LINE geschaltet werden, damit eine serielle Übertragung möglich ist (CTS freigegeben).

11.4 Programmierbarer paralleler E/A

Als Beispiel für einen parallelen E/A wird der Baustein 8155/56 dargestellt. Dieser Baustein ist kompatibel an alle Intel CPUs

(8085 aufwärts). Der 8155/56 hat folgende technische Merkmale (*Abb. 11.10*):

– 256 × 8 Bit statisches RAM,
– 22 programmierbare Ein-Ausgabe-Leitungen,
– 1 programmierbarer 14-Bit-Zähler.

Der Unterschied zwischen dem Baustein 8155 und dem Baustein 8156 besteht darin, daß beim Baustein 8155 der Chip-Enable-

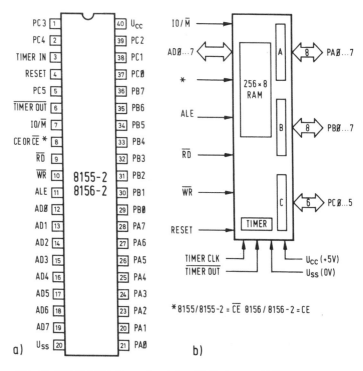

Abb. 11.10 RAM-E/A-Baustein: a) Anschlußbelegung, b) Funktions-schema

Eingang ($\overline{CE}$) L-aktiv ist, während beim Baustein 8156 der Eingang CE H-aktiv ist. Der Baustein 8155 enthält sechs verschiedene, einzeln adressierbare Register:

– Steuerwort und Status-Register, Adr. n (z. B. Adr. 40H)
– Kanal A, Adr. n + 1 (z. B. Adr. 41H)
– Kanal B, Adr. n + 2 (z. B. Adr. 42)
– Kanal C, Adr. n + 3 (z. B. Adr. 43)
– Zähler – niederwertiges Byte, Adr. n + 4 (z. B. Adr. 44)
– Zähler – höherwertiges Byte (6 Bit), Adr. n + 5 (z. B. Adr. 45)

Das Steuerwort und das Status-Register werden mit der gleichen E-A-Adresse angesprochen, wobei das Status-Register nur gelesen und das Steuerwort-Register nur geschrieben werden kann (*Abb. 11.11*). Bevor beim 8155 die E-A-Funktion oder der Zähler

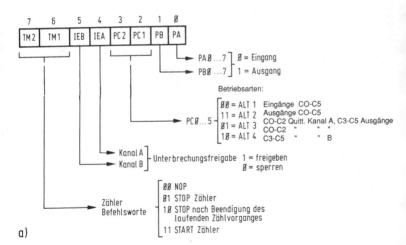

Abb. 11.11 Steuerwort- und Statusregister: a) Programmieren des Steuerwortregisters, b) Lesen des Steuerwortregisters

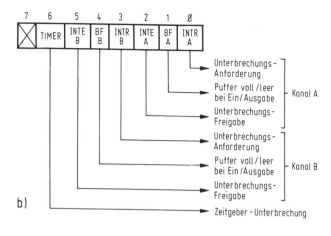

Abb. 11.11b

in Betrieb genommen werden kann, müssen im Steuerwortregister durch Ausgabe eines Steuerwortes die entsprechenden Funktionen eingestellt werden (Abb. 11.11a). Das Status-Register kann zu jeder Zeit gelesen werden. Es zeigt den Zustand der beiden Kanäle A und B und des Zählers an (Abb. 11.11b). Kanal A, B und C können abhängig vom Inhalt des Steuerwort-Registers als Ein- oder Ausgabe-Kanäle benutzt werden. Die Ein-Ausgabe-Kanäle A und B können in zwei Betriebsarten arbeiten: in einer Grundbetriebsart oder in einer Quittungsbetriebsart (Handshake bzw. Strobed Mode).

In der Grundbetriebsart arbeiten die beiden 8-Bit-Kanäle A und B und der 6-Bit-Kanal C als einfache Ein- oder Ausgabe-Register. Hierbei kann jedoch nicht wie beim 8755 jede einzelne Leitung beliebig als Ein- oder Ausgang programmiert werden, sondern nur das ganze Register. Bei Verwendung als Ausgabe-Register werden die Daten zwischengespeichert (latched).

Die am Ausgang anstehenden Daten können mit einer Leseoperation von der CPU auch wieder gelesen werden. Wird das

Register auf Eingabebetriebsart umgeschaltet, so werden beim Einschreiben des entsprechenden Steuerwortes in das Steuerwortregister die Ausgangszwischenspeicher gelöscht.

In der Quittierungsbetriebsart wird Kanal C aufgeteilt. Jeweils drei Leitungen werden den Kanälen A und B zugeordnet. Die drei Leitungen führen dann folgende Signale:

– INTR (Kanal Interrupt Request), C0 $\triangleq$ Kanal A, C3 $\triangleq$ Kanal B
– BF (Buffer Full), C1 $\triangleq$ Kanal A, C4 $\triangleq$ Kanal B
– STB (Strobe), C2 $\triangleq$ Kanal A, C5 $\triangleq$ Kanal B

Die Kanäle A und B können im Strobed-Mode als Eingabe- und auch als Ausgabe-Register arbeiten. Ein externes Gerät, das Daten über den Baustein 8155 zur CPU senden will, sendet dann ein STROBE-Signal (L-aktiv) zum Baustein 8155, wenn gültige Daten, die am Eingang von Kanal A anstehen, in den Eingangs-Pufferspeicher des Baustein 8155 übernommen werden sollen. Der Baustein 8155 quittiert die Übernahme der Daten in den Eingangs-Pufferspeicher mit dem Signal BF (Buffer Full).

Nachdem das externe Gerät das Strobe-Signal zurückgenommen hat, sendet der Baustein 8155 eine Unterbrechungsanforderung (Interrupt Request) zur CPU.

Nach der Annahme des Interrupts wird das Datenbyte mit Hilfe eines Unterbrechungsprogramms eingelesen. Dabei werden mit dem (einer Leseoperation verbundenen) READ-Signal (L-aktiv) der CPU das Interrupt-Request-Signal des Bausteins 8155 sowie nach Übernahme der Daten in die CPU auch das Signal Buffer-Full (BF) zurückgesetzt.

Der 14-Bit-Zähler des Bausteins ist ein Abwärtszähler, der vom einprogrammierten Anfangszählerstand bis Null zählt. Das Ausgangssignal des Zählers ist außer vom Zählerstand auch von der gewählten Betriebsart (vier mögliche Arten) abhängig (*Tabelle 11.4*). Vor den eigentlichen Zähler sind zwei Zwischenregister (Latches) geschaltet.

Tabelle 11.4

Betriebsart	M2	M1	Zählerausgang
0	0	0	Während der ersten Hälfte der Zählertakte „H" dann „L" (Erzeugen von Rechtecken)
1	0	1	Rechteck mit automatischem Nachladen des Anfangszählerstandes
2	1	0	Einfacher „L"-Impuls nach Erreichen des Endwertes (Nulldurchgang)
3	1	1	„L"-Impuls nach Erreichen des Endwertes (Nulldurchgang) mit automatischem Nachladen

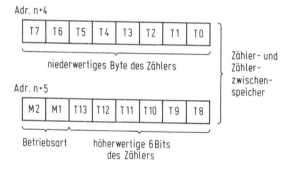

Abb. 11.12 Zählerregister

In diese Zwischenspeicher muß vor Inbetriebnahme des Zählers die Betriebsart und die Zählerdauer einprogrammiert werden. Dabei ist es unerheblich, welcher Teil des Zwischenspeichers zuerst geladen wird (vgl. *Abb. 11.12*).

Wird bei Betriebsart 0 ein ungerader Zählerstand eingegeben, ist der erste Teil des Ausgangssignals, der „High" ist, der längere.

Bei Betriebsart 1 wird während einer Periodendauer des Ausgangssignals der Zähler einmal vom Anfangswert bis auf Null gezählt.

Bei Betriebsart 2 und 3 (Tabelle 11.4) ist die Ausgangsimpulslänge gleich der Periodendauer der Clock-Eingangsfrequenz. Nach dem Laden des Zähler-Zwischenspeichers muß zum Starten des Zählers ein entsprechendes Steuerwort in das Steuerwort-Register eingegeben werden (Abb. 11.11a). Die oberen zwei Bits (M2 und M1) im höherwertigen Byte des Zählers (Adr. n + 5) bestimmen den Funktionsablauf des Zählers (Abb. 11.12).

11.5 Bildschirmsteuerung

Die Datenübergabe für die Bildschirmsteuerung erfolgt in *Abb. 11.13* über den Baustein 74LS373. Das zugehörige Chip-Select-Signal vom Baustein 74LS138 erzeugt einen Strobe-Impuls am CRT-Controller 9364A. Liegt ein darstellbares ASCII-Zeichen (> 20H) an, gibt der CRT-Controller am Zeilenende ein WRITE-Signal W aus. Dadurch werden die Daten durch das Speicherregister 74LS244 an das RAM gelegt und eingeschrieben.

Ein ASCII-Zeichen < 20H, z. B. Carriage Return, erzeugt im PROM eine 3-Bit-Information = 111 zur Weitergabe an den CRT-Controller. Dieser reagiert entsprechend, z. B. Adreßzähler auf Zeilenanfang stellen.

Der CRT-Controller ist intern auf eine bestimmte Anzahl Zeichen pro Zeile (z. B. 64) und Zeilen (z. B. 32) festgelegt. Dadurch muß der Controller während einer Zeile den Adreßzähler für das RAM (Bildwiederholspeicher) um 64 Adressen erhöhen. So werden nacheinander innerhalb einer bestimmten Zeilenzeit 64 Speicheradressen gelesen und über das Speicherregister 74LS273 an das EPROM (Zeichengenerator) übertragen. Für das EPROM bilden diese Speicherinhalte Adressen, die festlegen, in welcher Form die Zeichen dargestellt werden sollen.

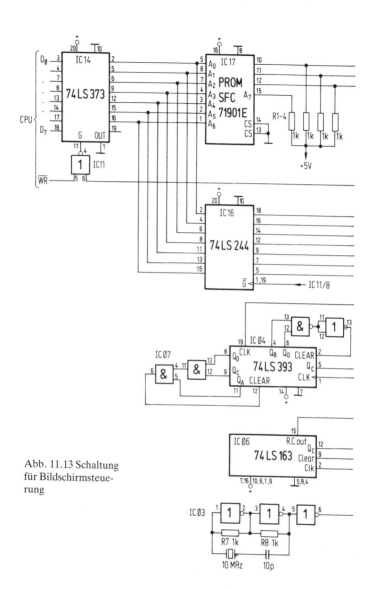

Abb. 11.13 Schaltung für Bildschirmsteuerung

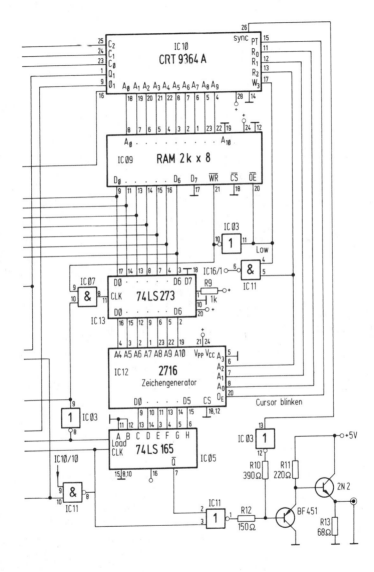

Da die Zeichen nicht nur aus einer Linie bestehen, muß die Information, welche Linie momentan aktuell ist, vom CRT-Controller über drei Adreßleitungen, den Reihenadressen, an den Zeichengenerator übermittelt werden. Dazu ein Beispiel für den Buchstaben A:

Speicheradresse im EPROM	Reihen-Nr.	Inhalt	Bit-Nr.							
			7	6	5	4	3	2	1	0
410	00	00	.	.	.	.	.	.	.	.
411	01	0E	.	.	.	.	*	*	*	.
412	02	11	.	.	.	*	.	.	.	*
413	03	11	.	.	.	*	.	.	.	*
414	04	1F	.	.	.	*	*	*	*	*
415	05	11	.	.	.	*	.	.	.	*
416	06	11	.	.	.	*	.	.	.	*
417	07	11	.	.	.	*	.	.	.	*

Vom Zeichengenerator werden die Zeichen an ein Parallel-Seriell-Umsetzregister 74LS165 übertragen. Diese serielle Videoinformation wird nachfolgend mit der Bildpunktinformation zu dem Videobild verknüpft. Die Takterzeugung erfolgt durch einen 10-MHz-Oszillator, der aus dem Quarz und zwei Invertern gebildet wird. Die 10-MHz-Frequenz wird von dem Frequenzteiler 74LS393 auf 1 MHz heruntergeteilt. Dieses Signal bildet die Grundfrequenz für einen internen Zähler des CRT-Controllers, der die Synchronsignale – vertikal und horizontal – liefert.

Das 10-MHz-Signal erzeugt auch den Bildpunkttakt im 74LS165 und das Taktsignal für das Umsetzregister 74LS165. Nach acht Taktperioden erzeugt der 4-Bit-Synchronzähler 74LS163 einen Impuls, der den Zähler zurücksetzt und gleichzeitig dem Umsetzregister 74LS165 einen Impuls für die Übernahme der parallelen Daten übermittelt. Der CRT-Controller verhindert die Zeichenübernahme während der Austastlücke nach Zeilenende.

11.6 Programm- und Arbeitsspeicher

Der Mikrocomputer benötigt zur Ausübung seiner Funktionen ein sogenanntes „Gedächtnis" in Form von Halbleiterspeicher (vgl. Abb. 11.1). Hierbei wird unterschieden zwischen Festspeichern und Arbeitsspeichern.

In den Festspeichern befinden sich die Arbeitsprogramme mit konstanten Daten, die dem Prozessor den Arbeitsablauf in Form von codierten Befehlen vorgeben. Der Inhalt dieser Speicher ist nicht veränderbar und kann auch durch Wegnahme der Betriebsspannung nicht gelöscht werden. Der Mikrocomputer kann diese Speicher nur lesen.

Den Arbeitsspeicher benötigt der Mikrocomputer zum Ablegen (Zwischenspeichern) von Daten, die er während des Programm- und Funktionsablaufes kurzfristig abspeichern und wieder abrufen kann. Diese Speicher behalten ihren Inhalt nur unter Betriebsspannung. Wird die Betriebsspannung weggenommen, geht der Inhalt des Speichers verloren. Der Mikrocomputer kann diesen Speicher nicht nur lesen, sondern auch überschreiben, d. h. mit neuen Datenwörtern den Inhalt verändern. Man bezeichnet daher die Arbeitsspeicher auch als Schreib-Lese-Speicher.

Speicherkenngrößen

Für jeden Halbleiterspeicher gibt es verschiedene Kenngrößen und Kennwerte, nach denen er klassifiziert und hinsichtlich seiner Einsatzmöglichkeiten eingestuft werden kann. Nachfolgend werden die wichtigsten Begriffe erläutert:

Speicherkapazität:
Anzahl der Speicherstellen in einem Baustein. Sie wird je nach Organisation durch die Anzahl der adressierbaren Wörter (Wortlänge z. B. 1 Byte) oder in Bit angegeben.

Zugriffszeit:
Kürzeste Zeit vom Zeitpunkt der Adressierung eines Speicherelementes bis zur Verfügbarkeit der Information auf dem Datenbus.

Zykluszeit:
Kürzeste Zeitdauer zwischen zwei aufeinanderfolgenden Schreib- oder Lesevorgängen. Bei Schreib-Lese-Speichern wird diese Zeitdauer meist für zwei verschiedene Betriebsarten angegeben: entweder für reine Schreib- oder Lesezyklen oder für Lesen-Ändern-Schreiben-Zyklen (RMW = Read – Modify – Write), bei denen innerhalb eines Zyklus eine Speicherstelle gelesen und anschließend mit einer neuen Information beschrieben wird.

Arbeitsspeicher (Schreib-Lese-Speicher)

Das RAM (Random Access Memory) ist ein Schreib-Lese-Speicher, d. h. es wird jeweils die Speicherstelle geschrieben, gelesen oder gelöscht, deren zugehörige Adresse an den Adresseneingängen des Bausteins anliegt.

Es gibt in verschiedenen Wortlängen organisierte RAM-Speicher. Diese Speicherorganisation wird üblicherweise mit einem Malzeichen symbolisiert, z. B. „128 × 8“. Das bedeutet, daß der Speicher acht Dateneingänge und acht Datenausgänge hat, an denen parallel eines von den gespeicherten 128 Datenwörtern anliegt – seine Wortlänge ist also 8 Bit. Bei den RAM unterscheidet man zwischen statischen und dynamischen Bausteinen.

Statische Speicher:
Bei statischen Speichern werden die Speicherelemente durch eine bistabile Kippstufe gebildet.

Kennwerte:
Maximale Zugriffszeiten: 200 ns; 300 ns; 450 ns. Alle Ein- und

Ausgänge direkt TTL-kompatibel. Keine Takt- oder Zeit-Steuersignale erforderlich. Zyklus- und Zugriffszeit gleich groß. Gemeinsame Datenein- und Datenausgänge. Tri-state-Ausgänge, anschlußkompatibel mit bipolaren PROMs. Nur eine Versorgungsspannung (5 V).

Grenzdaten:

Betriebstemperatur	−10 bis +80 °C
Lagertemperatur	−65 bis +150 °C
Spannung an jedem Anschluß gegen Masse (GND)	0,5 bis +7 V
Verlustleistung	1 W
Ausgangs-Gleichstrom	5 mA

Dynamische Speicher:

Die dynamischen RAM-Bausteine benutzen zur Informationsspeicherung anstelle von FF interne Kapazitäten. Da deren Leckströme nicht unendlich klein sind, muß der Ladungsverlust in Abständen von einigen Millisekunden ausgeglichen werden. Dieser Vorgang heißt Refresh (Auffrischen). Da die Speicherzellen des dynamischen Speichers wesentlich kleiner sind als die der statischen, liegen die Speicherkosten je Bit insgesamt niedriger.

Das dargestellte Prinzipschaltbild in *Abb. 11.14* ist eine sogenannte 1-Transistor-Zelle, bei der die Information abhängig von der Kondensatorladung ist. Wird der Transistor T_1 über die Zeilenauswahlleitung leitend gemacht, erscheint auf der Daten-

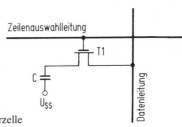

Abb. 11.14 Dynamische Speicherzelle

leitung – je nach Kondensatorladung – ein Potentialsprung. Die Regenerierung erfolgt im Baustein durch Lesezyklen auf den Refresh-Adressen, wobei durch Ansteuerung eines Speicherelements die gesamte Zeile regeneriert wird. Da die Leckströme temperaturabhängig sind und bei höheren Temperaturen ansteigen, ist hier auf das Einhalten der minimalen Refreshzeit (üblicher Wert 2 ms) besonders zu achten.

Wegen des geringen Schaltungsaufwands sind große Speicherkapazitäten je Baustein realisierbar.

Programmspeicher

Das ROM (Read Only Memory) ist ein frei adressierbarer Festspeicher. Den Forderungen des Kunden entsprechend, beaufschlagt der Hersteller bereits während des Fertigungsprozesses über eine Metallisierungsmaske den Speicherbaustein mit einem definierten Bitmuster. Dieses Bitmuster kann nicht mehr verändert oder gelöscht werden. In ROM-Speichern werden hauptsächlich Steuerprogramme, aber auch Tabellen von Zeichengeneratoren oder mathematische Programme eingegeben. Die zur Herstellung der ROM-Speicher erforderlichen Metallisierungsmasken lohnen den Einsatz nur bei sehr hohen Stückzahlen, wie dies z. B. bei Konsumgegenständen (TV-Computer, Fernsprechzieltasten) der Fall ist.

Ein weiterer Festspeicher ist das PROM (Programmable ROM). Im Gegensatz zum ROM kann dieser Speicher durch den Anwender mit einem Programmiergerät elektrisch programmiert werden. Die Programmierung der einzelnen Bits erfolgt durch einen Spannungsimpuls, der einen elektrischen Widerstand (PN-Übergang) durchbrennt. Dieser Speichertyp kann daher für mittlere oder kleinere Stückzahlen eingesetzt werden. Er ist in diesem Fall preisgünstiger als der ROM-Typ. Änderungen sind in dem Maße möglich, in dem ein vorgegebenes, bereits programmiertes

Bitmuster in den Bits, in denen ein L-Pegel vorhanden ist, nachträglich in den H-Zustand versetzt werden kann. Hierdurch sind evtl. Änderungsmöglichkeiten gegeben.

Löschbare und elektrisch wieder programmierbare Festspeicher sind die EPROMs (Erasable PROM) oder REPROMs (Reprogrammable ROM). Diese Speicherbausteine können mit ultraviolettem Licht durch das Glasfenster des Speicher-IC „en bloc" gelöscht und mit einem Programmiergerät wie ein PROM neu programmiert werden.

Der Einsatz dieser Bausteine ist sinnvoll in der Entwicklungs- und Anlaufphase (Korrektur- und Änderungsmöglichkeit). EPROMs sind die teuersten Speicherbausteine. Zu den PROMs und EPROMs gibt es hardwarekompatible ROMs, die nach Abschluß der Entwicklung und Anlaufphase in die Mikrocomputer eingesetzt werden können.

In *Abb. 11.15* ist ein UV-löschbarer und elektrisch programmierbarer 16-k-Speicherbaustein (2 k $\times$ 8) dargestellt. Beim unprogrammiert gelieferten Baustein sowie nach jedem Löschvorgang sind alle Bit im Zustand „1" (Ausgang auf H-Pegel). Informationen werden eingegeben durch Einschreiben des L-Pegels in die gewünschten Bit-Plätze.

Die Schaltung wird für den Programmiervorgang vorbereitet, indem das Potential des Eingangs $\overline{CS}$/WE (Anschluß 20) auf +12 V angehoben wird. Die Wort-Adresse wird auf die gleiche Art wie bei der Lese-Betriebsart ausgewählt. Die zu programmierenden Daten werden 8-Bit-parallel an den Datenleitungen (0_1–0_8) angelegt. Die Logik-Pegel für Adreß- und Daten-Leitungen und die Versorgungsspannungen sind die gleichen wie für die Betriebsart „Lesen". Nachdem Adressen und Daten eingestellt sind, wird ein Programmierimpuls (V_P) pro Adresse an den Programmeingang (Anschluß 18) gebracht.

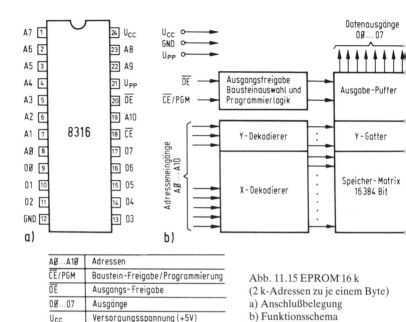

AØ...A1Ø	Adressen	
$\overline{CE}/PGM$	Baustein-Freigabe/Programmierung	
$\overline{OE}$	Ausgangs-Freigabe	
OØ...O7	Ausgänge	
U_{CC}	Versorgungsspannung (+5V)	
U_{PP}	Versorgungsspannung (−5V)	
GND	Masse (0V)	

Abb. 11.15 EPROM 16 k
(2 k-Adressen zu je einem Byte)
a) Anschlußbelegung
b) Funktionsschema
c) Anschlußbezeichnungen

Anschließen von Speichern an die CPU

Speicherbausteine können direkt an die Adreßleitung angeschlossen werden, wie dies *Abb. 11.16* zeigt.

Der Programmierer muß die einzelnen Adreßbereiche (PAGES) der Speicherbausteine beim Einstellen des Programms beachten. Für die Adressierung der 2-k-Speicher werden die ersten elf Adreßleitungen A_0 bis A_{10} benötigt. Daher sind alle drei Bausteine parallel an diesen Adreßleitungen angeschlossen. Der erste Baustein IC1 ist zusätzlich über eine Inverterstufe und ein ODER-Glied an $\overline{CE}_2$ mit der Adreßleitung A_{11} verbunden.

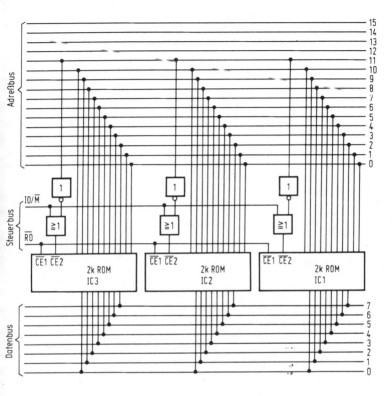

Abb. 11.16 Lineare Speicherauswahl

Über diese Adreßleitung und mit den Steuersignalen IO/$\overline{\text{M}}$ und $\overline{\text{RD}}$ wird dieser Speicherbaustein freigegeben. Daraus resultiert die Anfangsadresse des Speicherbausteins IC1. Die Adreßleitung A_{11} hat die Wertigkeit 800H. Mit dieser Adresse wird der Baustein freigegeben. Die Adreßleitungen A_0 bis A_{10} haben einen Adreßbereich von 000H bis 7FFH. Damit ergibt sich der gesamte Adreßbereich von 0800 H bis 0FFF H.

Der Speicherbaustein IC2 hat als Steueranschluß die Adreßleitung A_{12}, mit der Wertigkeit 1000 H. Mit den Adreßleitungen A_0 bis A_7 ergibt sich hiermit ein Adreßbereich von 1000 H bis 17FF H. Der Speicherbaustein IC3 erhält die Freigabe durch die Adreßleitung A_{13} mit der Wertigkeit 2000 H. Somit ergibt sich für diesen Baustein der Adreßbereich von 2000 H bis 27FF H. Mit dieser Anschlußart können insgesamt fünf kombinierte Speicher-Ein-Ausgabe-Bausteine, RAM oder ROM, angeschlossen werden.

Zum Selbsttesten

Ergänzen Sie bei den folgenden Aufgaben die fehlenden Speicherwerte!

Beispiel: Gegeben ist die Speicherkapazität mit 2 k und der Adreßbereich mit 512 Adressen. Welche Datenwortlänge hat dieser Speicher? 2 k $\triangleq$ 2048 Bit : 512 = 4 Bit Datenwortlänge

11.1 Speicherkapazität: 1 k
     Datenwortlänge: 4 Bit
     Adreßbereich:

11.2 Speicherkapazität: 16 k
     Datenwortlänge:
     Adreßbereich: 2 k $\triangleq$ 2048

11.3 Speicherkapazität:
     Datenwortlänge: 1 Bit
     Adreßbereich: 4 k $\triangleq$ 4096

11.4 Bei einem 8-Bit-Mikrocomputer liegt der Adreßbereich zwischen 0600 H bis 06FF H. Wie groß ist die Speicherkapazität?

11.5 Für einen Mikrocomputer wird ein RAM-Speicher 1 k × 8 benötigt. Zur Anwendung kommt ein 256 × 4 Speicher-IC. Wie viele dieser Speicher-IC werden benötigt?

_____ Stück

11.6 Der dargestellte Speicher-IC in *Abb. 11A* eines Mikrocomputers hat die Speicherkapazität _____ k. Die Endadresse ist _____

Abb. 11A

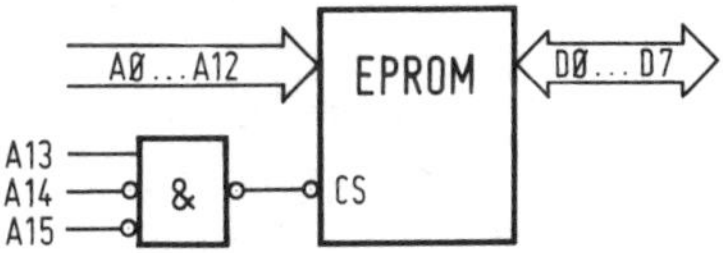

11.7 Der USART-Baustein erhält folgende Programmierung:

Betriebsart ≙ CF H

Kommando ≙ 25 H

Welche Betiebsarteninformationen erhält der USART für:

Übertragungsgeschwindigkeit (Bit 0,1):

Zeichenlänge (Bit 2,3):

Paritätsfreigabe (Bit 4,5):

Anzahl der Stop-Bit (Bit 6,7):

Welche Informationen enthält das Kommando-Datenwort:

Sendefreigabe (Bit 0):	ja _____,	nein _____,
Datenstation bereit (Bit 1):	ja _____,	nein _____,
Empfangsfreigabe (Bit 2):	ja _____,	nein _____,
Unterbrechungszeichen (Bit 3):	ja _____,	nein _____,
Fehler rücksetzen (Bit 4):	ja _____,	nein _____,
Sendeaufforderung (Bit 5):	ja _____,	nein _____,
Internes Rücksetzen (Bit 6):	ja _____,	nein _____,
Betriebsart suchen (Bit 7):	ja _____,	nein _____,

Lösungen der Aufgaben „Zum Selbsttesten"

Zu Abschnitt 1

1.1 +10 V (Die Anode der Diode muß ein positiveres Potential als die Katode aufweisen.)

1.2 Die Diode ist bei der positiven Halbwelle leitend, daher wird diese Spannung am Widerstand verbraucht ($-U$).

1.3 a) Ausgangsmaterial – Silizium
b) Hochfrequenztransistor
c) kommerzieller Transistortyp
d) fortlaufende Kennzeichnung

1.4 0,3...0,5 V

1.5 a, c, d

1.6 Höhere zulässige Kristalltemperatur

1.7 Im Emitter

1.8 Der Kollektorstrom I_C wird größer.
Der Basisstrom wird größer.

1.9 Kollektorwiderstand
Batteriespannung

1.10 Die Änderung der Kollektorspannung in bezug zur Basisspannung.

1.11 In einer bestimmten Gesamtverlustleistung P_{tot} zugeordnet. Darf von der Widerstandsgeraden des Kollektorwiderstandes nicht überschritten werden.

Zu Abschnitt 2

2.1 An R 1 positive Polarität, an R 2 negative Polarität.

2.2 Die Diode D 3 ist mit umgekehrter Polarität eingezeichnet.

2.3 In der Mitte zwischen Sperr- und Sättigungsbereich.

2.4 Der Basisstrom steigt;
Die Kollektorspannung sinkt.

2.5 Die Spannungsverstärkung wird größer.

2.6 Weil durch den Emitter der Kollektor- und der Basisstrom fließt.

2.7 Symmetrische Gegentaktsignale.

2.8 Die Gleichtaktunterdrückung.
Die Temperaturstabilität.

2.9 Eine Gegentaktverstärkerstufe.

Zu Abschnitt 3

3.1 $U_A = 7$ V; $U_A = 0,6...0,8$ V.

Zu Abschnitt 4

4.1 + an der Anode, + am Gate.

4.2 Der Thyristor leitend sein soll.
die Vierschichtdiode leitend sein soll.

4.3 Die Verlustleistung im Thyristor ist niedriger als im Vorwiderstand.
Der Energieverbrauch einer Lampensteuerung mit einem Vorwiderstand ist höher.

4.4 50 % der Maximalleistung! Bei 90° Phasenverschiebung wird nur eine Hälfte der positiven Halbwelle am Lastwiderstand wirksam.

Zu Abschnitt 6

6.1 In Schaltung A.

6.2 Durch einen Emitterwiderstand.

6.3 5 V; $I_E = I_C = \dfrac{2\ V}{1\ k\Omega} = 2\ mA$;

$U_C = 20\ V - (7{,}5\ k\Omega \cdot 2\ mA) = 5\ V.$

Zu Abschnitt 7

7.1 Der Kollektor-Emitter-Übergang ist kurzgeschlossen.

Zu Abschnitt 8

8.1 Durch Einsetzen einer Transistorstufe in Emitterschaltung anstelle des Widerstandes R 2.

8.2 Die Potentialverschiebung zwischen den galvanisch gekoppelten Verstärkerstufen zu erzeugen.

8.3 Der Wechselstromwiderstand der Dioden ist kleiner als ihr Gleichstromwiderstand.

8.4 0 V

8.5 Der Verstärkungsfaktor
Der Klirrfaktor
Die Temperaturstabilität

8.6 Die Wirkung der Gleichstromgegenkopplung wird vergrößert.

8.7 Die Basisvorspannung der Eingangsstufe wird größer.
Die positive Potentialveränderung am Ausgang bewirkt eine positive Potentialveränderung am Eingang.

8.8 Die Verstärkung wird kleiner.
Die unlineare Verstärkung des Signales wird kleiner.

8.9 Es vergrößert das Ausgangssignal.

Zu Abschnitt 9

9.1 R 8 ist zehnmal größer als R 5.

9.2 Durch die Widerstände R 1 bis R 3 wird am nichtinvertierenden Eingang die gleiche Belastung erzeugt, wie am invertierenden Eingang durch die Gegenkopplungswiderstände R 7 bis R 9.

9.3 In beiden Stellungen.

Zu Abschnitt 10

10.1

10.2

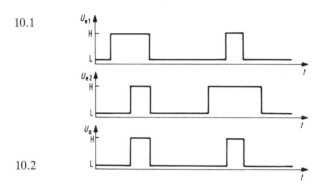

Bezeichnung	Symbol	aufgebaut auf NANDs
NICHT - Logik	A ──[1]── Q	A ──[&]── Q
UND - Logik	A ──[&]── Q B	A ──[&]──[&]── Q B
ODER - Logik	A ──[≥1]── Q B	A ──[&]──[&]── Q B ──[&]
NAND - Logik	A ──[&]── Q B	A ──[&]── Q B
NOR - Logik	A ──[≥1]── Q B	A ──[&]──[&]──[&]── Q B ──[&]

10.3 Eine Äquivalenzschaltung

10.4 Eine Antivalenzschaltung

10.5 Durch drei NAND-Schaltungen

10.6 Durch vier NAND-Schaltungen

10.7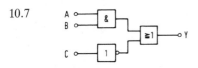

10.8

10.9

A	B	Y
L	L	L
L	H	H
H	L	H
H	H	L

10.10 C

10.11 C

10.12 C

10.13 Die richtige Reihenfolge lautet: B, D, C, A

10.14 C und E

10.15 A

10.16 D

Zu Abschnitt 11

11.1 Adreßbereich: 256 $\triangleq$ 0,25 k

11.2 Datenwortlänge: 8 Bit $\triangleq$ 1 Byte

11.3 Speicherkapazität: 4 k $\triangleq$ 4096 Bit

11.4 256 $\times$ 8 = 2 k

11.5 8 Stück

11.6 8 k; 03FF

11.7 Betriebsart:

Übertragungsgeschwindigkeit:	Faktor 64
Zeichenlänge:	8 Bit
Paritätsfreigabe:	sperren, ungerade
Anzahl der Stop-Bit:	2
Kommandowort:	
Sendefreigabe (Bit 0):	ja
Datenstation bereit (Bit 1):	nein
Empfangsfreigabe (Bit 2):	ja
Normalbetrieb (Bit 3):	nein
Kein Fehler rücksetzen (Bit 4):	nein
Sendeaufforderung (Bit 5):	ja
Kein internes Rücksetzen (Bit 6):	nein
Keine Betriebsart suchen (Bit 7):	nein

Sachverzeichnis